席跃良 总主编

室内设计原理

（第二版）

Interior Design Principles

程 宏 樊灵燕 刘 琪

编著

中国电力出版社

CHINA ELECTRIC POWER PRESS

内容提要

室内设计为环境艺术设计专业的专业基础课程。本书第一版因其内容系统丰富、案例实用具体，市场反响较好，此次第二版修订，更新了部分内容，与近年来学科改革同步。编写中理论部分更为精炼扼要，应用部分案例均更换为近年来代表性案例。该书内容包括：室内设计概述、室内空间构成、室内色彩设计、室内装饰材料与装饰构造、生态室内环境的设计、室内家具与陈设、人体工程学与室内设计、室内设计的方法和程序、住宅建筑室内设计、公共建筑室内环境设计。本书适合作为环境艺术设计、室内设计专业教材，以及作为相关设计专业学生、室内设计爱好者学习参考书。

图书在版编目（CIP）数据

室内设计原理／程宏，樊灵燕，刘琪编著. —2版. —北京：
中国电力出版社，2016.6（2022.7重印）
ISBN 978-7-5123-9337-0

Ⅰ．①室… Ⅱ．①程… ②樊… ③刘… Ⅲ．①室内装饰设计
Ⅳ．①TU238

中国版本图书馆CIP数据核字（2016）第103615号

中国电力出版社出版发行
北京市东城区北京站西街19号 100005 http：//www.cepp.sgcc.com.cn
责任编辑：王 倩
责任印制：杨晓东 责任校对：马 宁
北京瑞禾彩色印刷有限公司印刷·各地新华书店经售
2016年6月第2版·2022年7月第9次印刷
889mm×1194mm 1/16·9.75印张·328千字
定价：59.00元

《全国高等院校设计学学科系列教材》编写工作委员会

名誉主任：

邵大箴

主　　任：

席跃良

委　　员：

马新宇　徐亚非　张　展　李亮之　叶　苹　万庆华　汤义勇　柯和根

张来源　刘国余　程　宏　袁公任　席　涛　王亚明　王　烨　万　轩

黄舒立　樊灵燕　徐文娟　王　兰　戴慧萍　赵一恒　孙　源　邱　林

刘　琪　李鸿明　费雯俪　戴竞宇

前言

　　室内设计的目的一定是为了满足建筑室内空间的功能需求而进行的，它不仅要考虑当前的实际功能需求，还要关注作为文化传承意义上的历史功能需求；它表达的不仅是通常意义上的设计风格、创意表现、意境氛围等内容，更注重将代表当前先进生产力水平的科学技术与艺术创造的完美结合，是时代政治和文化生活的综合反映。

　　室内设计原理是在进行室内设计时必须遵循的普遍规律和基本原则，是室内设计创造活动的理论指导，它随着时代的进步而发展。就当前我国高等院校室内设计原理的实际教学情况而言，美感训练、创意训练、横向思维训练等问题是应该着重关注的。

　　美感训练必须与时代和环境条件联系在一起，任何一项设计都受到所处时代和环境的影响，我们借用著名文化学者费孝通先生的文化自觉思想，做到设计自觉——在全球化的背景下，以博大的胸怀学习、借鉴、吸收、融合先进的设计理念和思潮，博采众长，拓宽审美视野，提高审美水平。创造性的设计思想、设计理念和设计方法的培养是一个系统和复杂的过程，但有一点我们必须强调，创意训练必须具有时代特性，必须与先进的科技手段相结合，比如目前互联网时代的智能空间设计。现代设计是一个多学科协作完成的产物，开放性思维有助于我们形成完善的设计思维，跨界融合是横向思维训练的源泉。

　　鉴于此，本教材在二版编著时，我们更加注重案例选择的典型性，不仅有国外大师的经典之作，也选用了一些我国当前比较活跃的年轻设计师的作品，缩小学生和案例之间的距离，使学生对作品的理解更接地气，产生共鸣；同时，在内容安排上不片面追求面面俱到，而是突出重点，如在住宅室内设计部分尽量做到"细"和"深"，公共建筑室内设计部分则以"简"为原则。

　　本书第一、三、六章以及第四章第一节中的"材料的质感与肌理"和"材料的组织与设计"部分由樊灵燕老师编写，第七、八、十章以及第四章其余部分由刘琪老师编写，第二、五、九章由程宏老师编写，全书由程宏老师最后统稿完成。

　　在本书的编写过程中，得到中国电力出版社，尤其是责任编辑王倩老师的大力支持和帮助，在此表示衷心的感谢。书中的疏漏和不足之处，希望能够得到专家和读者的批评指正，不胜感谢。

程　宏

2016.5

目 录

第一章

室内设计概述

第一节　室内设计含义

室内设计，又称"室内环境设计"，是人为环境设计的一个主要部分，是建筑内部空间的理性创造方法。现代室内设计是一门复杂的综合学科，它不仅仅是物象外形的美化，还涉及建筑学、社会学、民俗学、心理学、人体工程学、结构工程学、生态学及材料学等学科领域，要求运用多学科的知识，综合地进行多层次的空间环境设计。在设计手法上，则要利用平面和立体空间构成，通过各种室内设计原理和方法手段，一方面将空间重新划分和组合，另一方面通过对各种物质的构建、组织和变化，使人们获得设计师所期待的生理及心理反应，创造一个理想的空间格调和环境氛围。总体来说，室内设计总是与下面几方面的因素存在着密切的关系。

1. **功能因素**　室内设计的目的总是为了满足一定的功能需求而进行的。
2. **环境因素**　这里的环境指的是具有系统意义的环境，包括地域环境、建筑的周边环境、室内的生态环境及使用者的活动环境和心理环境。
3. **经济因素**　包括项目的总投资、单方造价及之后的维持、保养和维修费用。
4. **艺术因素**　不仅仅是通常意义上的有关空间的形态、色彩、材料、照明等因素所构成的视觉感染效果，其发展趋势将更注重将物质的和非物质的设计内容通过艺术的手段完美结合在一起，这是一个复杂而艰巨的艺术实践过程，有待于我们进一步地研究和发展。

因此，我们可以把室内设计概括地理解为：室内设计是在一定的社会经济前提下，通过物质技术手段和美学原理，实现设计对象所要求的环境功能目标的实践过程。

第二节　室内设计的特征

室内设计属于建筑设计中众多方面的一个分支，在设计方法上是建筑设计内容的进一步推进，因此有其特征和独立性。它的设计活动兼顾创造性和现实性，具有以下6个方面的鲜明特征。

（1）室内设计是一种社会文化活动，是对无机的和有机的、人工的和自然的因素加以组合，以一种文化形态为中介，表达某种特定的文化观念，因此室内设计是和特定的文化背景息息相关的。

（2）时间与空间规则是一切室内设计活动都必须遵守的，任何设计师不可能超越具体的时间和空间范围去从事任何设计活动。

（3）一切室内设计必须以满足特定的需求为目的，没有特定的需求，设计就丧失了目的性，也就失去了存在的价值。

（4）室内设计是一种独特的思维活动，具有散发性、求异性、独创性、突变性等特征，从求变的思维角度来处理多种问题，追求时尚新颖的个性化特征是室内设计的出发点。

（5）室内设计是一个思维不断推进的过程，整个设计过程需要一个时间阶段，一方面实地考察，一方面理性设计，设计活动的过程就是一个特定项目的周期。

（6）室内设计的宗旨是以人为本，人为生存而设计，设计为需求而存在，以人为本和生态设计是当今室内设计发展的两个基本理念。

第三节　室内设计的内容

现代室内设计内容涉及的面很广，但设计的主要内容可以归纳为室内空间形象设计、室内界面装修设计、室内物理和生态环境设计、室内陈设艺术设计四个方面（表1-1）。

表 1-1　　　　　　　　　　　　　室内设计的内容

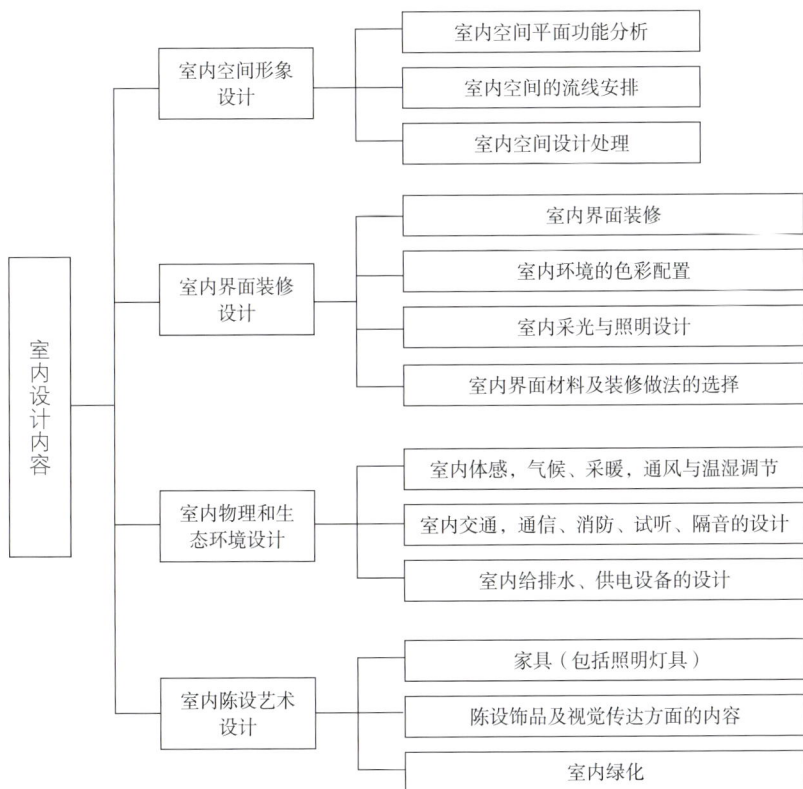

```
                    ┌─ 室内空间形象 ─┬─ 室内空间平面功能分析
                    │    设计       ├─ 室内空间的流线安排
                    │              └─ 室内空间设计处理
                    │
                    │              ┌─ 室内界面装修
                    ├─ 室内界面装修 ─┼─ 室内环境的色彩配置
室  │               │    设计       ├─ 室内采光与照明设计
内  │               │              └─ 室内界面材料及装修做法的选择
设  ├───────────────┤
计  │               │              ┌─ 室内体感，气候、采暖，通风与温湿调节
内  │               ├─ 室内物理和生 ─┼─ 室内交通、通信、消防、试听、隔音的设计
容  │               │  态环境设计     └─ 室内给排水、供电设备的设计
                    │
                    │              ┌─ 家具（包括照明灯具）
                    └─ 室内陈设艺术 ─┼─ 陈设饰品及视觉传达方面的内容
                       设计          └─ 室内绿化
```

图 1-1　绍兴饭店，中国园林的传统拱门在酒店大堂内显得很有韵味，悬挂着的大型宫灯，营造出中式的古朴气质。建筑横梁上镶着精致的铜质云纹浮雕，成为装饰构件，构筑了兼顾传统特色和酒店时尚的现代中式厅堂

第四节　室内设计风格与流派

一、室内设计的风格

1. **古典风格**　古典风格是在各国和各地区的传统设计中展开的，室内布置、线形、色调及家具、陈设的造型等方面，吸取传统装饰"形""神"的特征。例如传统中式、哥特式、文艺复兴式、巴洛克、洛可可、古典主义等风格。古典风格常给人们以历史延续和地域文脉的感受，它使室内环境突出了民族文化渊源的特征（图1-1）。

2. **现代风格**　强调突破旧传统，创造新形式，重视功能和空间组织，注意发挥结构构成本身的形式美。造型简洁，反对多余装饰，崇尚合理的构成工艺，尊重材料的性能，讲究材料自身的质地和色彩的配置效果，发展了非传统的以功能布局为依据的不对称的构图手法（图1-2）。

3. **后现代风格**　后现代风格强调建筑及室内装潢应具有历史的延续性，但又不拘泥于传统的逻辑思维方式，探索创新造型手法，讲究人情味，常把古典构件的抽象形式以新的手法组合在一起，即采用非传统的混合、叠加、错位、裂变等手法和象征、隐喻等手段，以期创造一种融感性与理性、集传统与现代的建筑室内环境（图1-3）。

4. **自然风格**　自然风格倡导设计自然空间，美学上推崇"自然美"，力求表现悠闲、舒畅、自然的田园生活情趣，擅长使用天然材料，巧于设置室内绿化，创造自然、简朴、清新淡雅的氛围（图1-4）。

5. **综合型风格**　总体上呈现多元化、兼容并蓄的状态，在装潢与陈设中融古今中西于一体，不拘一格，运用多种手段，深入推敲形体、色彩、材质等方面的总体构图和视觉效果，追求实用、经济、美观（图1-5）。

图 1-2　现代风格总是和新材料、新工艺联系在一起的，符合现代生活的需要和时尚流行的审美情趣，简洁实用，强调设计对人们生活观念和生活方式的影响

图 1-3　后现代风格主张新旧融合、兼容并蓄的折中主义立场。空间以西班牙风格配以多种装饰手段来处理，独特的柱体附上巴洛克风格的圆拱造型雕花，从而形成一种新的形式语言与设计理念，给视觉审美带来强烈的冲击性

图 1-4　自然风格不仅仅是以植物摆放来体现自然的元素，而是从空间本身、界面的设计乃至风格意境里所流淌的最原始的自然气息来阐释风格的特质

图 1-5　综合风格采用不同时代和风格的家具陈设，传统的布局方式，或者保留原汁原味的原始形态，或者元素被提炼至极简，在现代设计手法的糅合中，给人以超强的视觉冲击与审美享受

二、室内设计的流派

1. **高技派**　高技派突出当代工业技术成就，并在建筑形体和室内环境设计中加以炫耀，崇尚高新技术。主张采用最新的材料，如高强钢、合金铝、塑料和各种化工物品，来制造出体量轻、用料少，能够快速灵活地装配、拆卸与改造的建筑结构与室内环境（图1-6）。法国巴黎的现代艺术中心（蓬皮杜艺术中心）是其开山之作。

图1-6 旧工业建筑固有的浓郁德国包豪斯风格成为这个办公空间压 图1-7 造型别致的不锈钢隔断，在灯光的投射与折
倒性的语汇前提。厚实的楼梯传递着粗犷稳重的气息，黑色的钢架是 射下，活跃了用餐气氛，提升了空间品位
主要的支撑结构，线的构成要素在白墙的烘托下更为突出。黑白灰的
背景中跳跃着色彩鲜艳的艺术作品，增加了空间的艺术感染力

2. **光亮派** 光亮派也称银色派，追求夸张、富于戏剧性变化的室内氛围和艺术效果。在室内设计中夸耀新型材料及现代加工工艺的精密细致及光亮效果，往往在室内大量采用镜面及平曲面玻璃、不锈钢、磨光的花岗石和大理石等作为装饰面材。在室内环境的照明方面，常使用投射、折射等各类新型光源和灯具，形成光彩照人、绚丽夺目的室内环境（图1-7）。

3. **白色派** 白色派也叫平淡派。它的室内设计朴实无华，反对装饰，室内各界面以至家具等常以白色为基调，简洁明朗。从白色派设计的室内作品分析，其并不仅仅停留在简化装饰、选用白色等表面处理上，而是具有更为深层的构思内涵（图1-8）。

4. **新洛可可派** 洛可可原为18世纪盛行于欧洲宫廷的一种建筑装饰风格，以精细轻巧和繁复的雕饰为特征。新洛可可秉承了洛可可繁复的装饰特点，但装饰造型的"载体"和加工技术却运用现代新型装饰材料和现代工艺手段，从而具有华丽而略显浪漫、传统中仍不失有时代气息的装饰氛围（图1-9）。

5. **风格派** 在色彩及造型方面都具有极为鲜明的特征与个性。建筑与室内常以几何方块为基础，对建筑室内外空间采用内部空间与外部空间穿插、统一构成为一体的手法，并以屋顶、墙面的凹凸和强烈的色彩对体块进行强调，对室内装饰和家具经常采用几何形体以及红、黄、青三原色或以黑、灰、白等色彩相配置（图1-10）。

图1-8 白色派的室内环境理想、内敛和含蓄，但恰到好处的陈设和看似不经意的色彩却能很好地调节环境的气氛，起到意想不到的效果

图1-9 新洛可可派其实就是古为今用，对传统设计元素进行色彩、线条和体量上的改良，以符合现代生活和审美的需要，并且使之焕发新的生命光彩

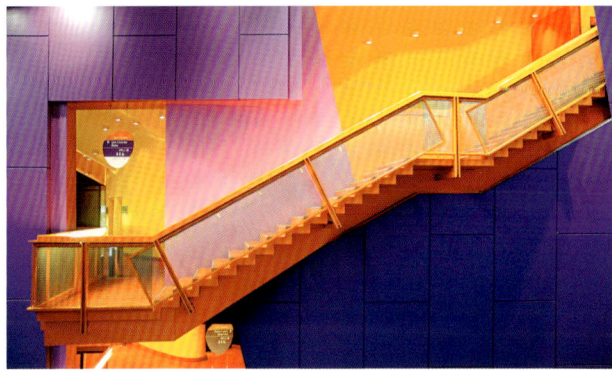

图1-10 大体块的界面处理和夸张鲜明的色彩运用，风格派的作品往往能给人留下深刻的印象

6. **超现实派**　超现实派追求所谓超越现实的艺术效果，具有颓废、厌世者的思想情绪，利用虚幻环境填补心灵上的空虚。在室内布置中常采用异常的空间组织、曲面或具有流动弧形线型的界面、浓重的色彩、变幻莫测的光影、造型奇特的家具与设备，有时还以现代绘画或雕塑来烘托超现实的室内环境气氛，也喜欢用兽皮、树皮等作为室内装饰品（图1-11）。

7. **解构主义派**　解构主义是对20世纪前期欧美盛行的结构主义理论思想传统的致意和批判，其形式的实质是对结构主义的破坏和分解。把原来的形式打碎、叠加、重组，追求与众不同，往往给人意料之外的刺激和感受。解构主义派对传统古典的构图规律均采取否定的态度，强调不受历史文化和传统理性的约束，是一种貌似结构构成解体、突破传统形式构图、用材粗放的流派。设计语言晦涩，片面强调表意性，作品与观赏者之间较难沟通（图1-12）。

8. **装饰艺术派**　装饰艺术派善于运用多层次的几何线型及图案，重点装饰于建筑内外门窗线脚、檐口及建筑腰线、顶角线等部位。近年来一些宾馆和大型商场的室内设计，出于既具时代气息，又有建筑文化内涵的考虑，常在现代风格的基础上，在建筑的细部饰以装饰艺术派的图案和纹样（图1-13）。

图1-11　目不暇接的"光"处理，成为空间的主要表情，使空间的情调与氛围具有了一种互动可变性，光怪陆离中仍可感受中式文化所蕴含的情理

图1-12　解构主义就是打破秩序然后再创造更为合理的秩序，空间设计粗放浑厚，结构上的巧妙安排营造出室内神奇的光影效果，结合空间造型，给人造成一种奇妙的心理感受

图1-13　装饰艺术派通过对空间中界面的精心处理，几何形轮廓清晰有力，融合了华美、魔幻与奢侈，使环境氛围更具有感染力，更能表现出建筑空间的功能特性

第二章

室内空间构成

建筑大师弗兰克·劳埃德·赖特说过："真正的建筑并非在于它的四面墙，而是存在于里面的空间，那个真正住用的空间。"这个空间就是我们日常生活和活动的建筑室内空间，其实质是人的各种生活和工作活动所要求的理想空间环境。

第一节　功能与环境空间

室内设计的目的是创建宜人的室内环境。人是室内设计服务的主体，那么室内环境的内容就表现在满足人对环境的生理和心理的要求上（图2-1）。

1. **空间功能的有机组合**　任何建筑物的室内都是由不同的功能空间所组成的。进行室内环境设计时，必须首先分析该项目中相互关联的建筑、区域空间及其活动情况，哪些空间是主要的，哪些空间应相毗邻，哪些则应隔离或相互融合（图2-2、图2-3）。

2. **空间功能环境的系统性**　1919年德国创建的包豪斯（Bauhaus）学派倡导一切设计都要重视功能，要求室内空间的功能系统按其服务内容和特点而定，并配置与之相适应的环境，设计师要根据不同的要求来进行有针对性的规划设计（图2-4）。

图2-1　室内环境包含的内容

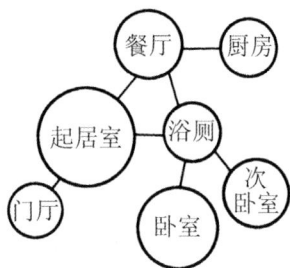

图2-2　住宅中各功能空间的关系：住宅由门厅、起居室、卧室、卫生间、厨房和餐室等家庭日常生活必需的居住空间与辅助空间组成，它们存在着有机的联系

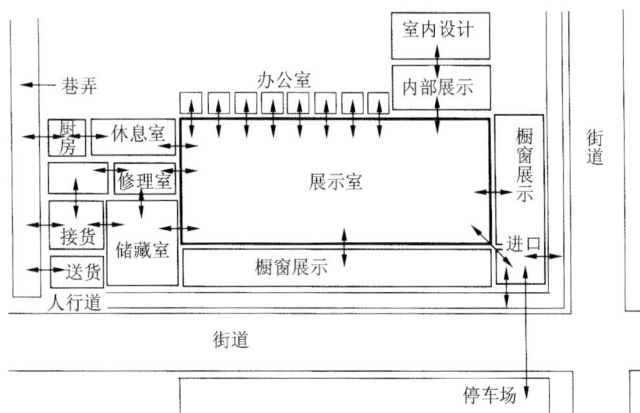

图2-3　某展览厅的功能关系，从图中可以看到展览区的周围布置了服务区、办公室和停车场等相关功能区域

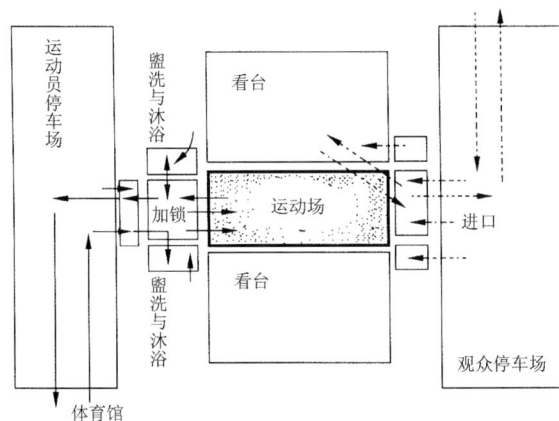

图2-4　某运动场的功能空间配置，图中实线和虚线箭头分别代表运动员和观众的进出路线

第二节　建筑室内空间的构成要素

一、室内空间与审美心理

室内空间是通过一定形式的界面围合而表现出来的，但并非有了建筑内容就能自然生长、产生出来，功能也绝不会自动产生形式，形式是靠人类的形象思维产生的，而人的形象思维和本身的审美心理有着密切的关系，同样的内容也并非只有一种形式才能表达。人对空间的审美感知主要是通过环境气氛、造型风格和象征含义决定的。它给人以情感意境、知觉感受和联想（图2-5）。人类利用这种对空间的审美认知心理，可以根据不同空间构成所具有的性质特点来区分空间的类型或类别。

1. **固定空间和可变空间（或灵活空间）**　固定空间常是一种经过深思熟虑、功能明确、位置固定的空间（图2-6）。可变空间则与此相反（图2-7），为了能适合不同使用功能的需要而改变其空间形式，因此常采用灵活可变的分隔方式，如折叠门、可开可闭的隔断及影剧院中的升降舞台、活动墙面、天棚等。

2. **静态空间和动态空间**　静态空间一般形式比较稳定，常采用对称式和垂直水平界面处理。空间比较封闭，构成比较单一，视觉常被引导在一个方位或落在一个点上，空间常表现得非常清晰明确，一目了然。动态空间（或称为流动空间），往往具有空间的开敞性和视觉的导向性特点，界面组织具有连续性和节奏性，空间构成形式富有变化性和多样性，常使视线从这一点转向那一点。

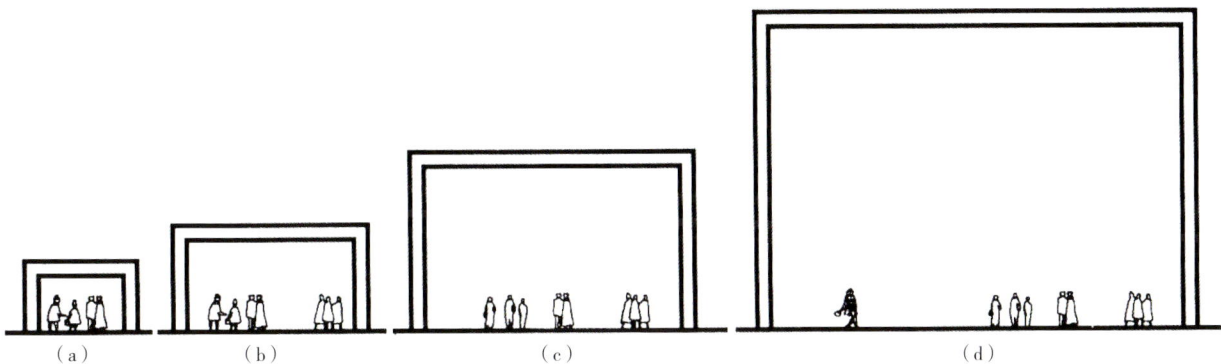

图 2-5　从图中可以看到空间的尺度与人体关系，以及空间的分隔与心理的反应：（a）所示的空间尺度是拥挤的；（b）所示的空间尺度是亲切的；（c）为正常的大空间尺度，头顶上留有较大空间，好似人们进入一个纪念性的大空间或剧院的观众厅内；（d）则显示了人群与空旷高大的空间之间的强烈对比尺度

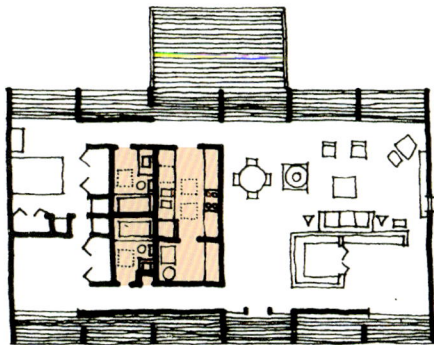

图 2-6　美国A·格罗斯曼住宅平面，以厨房、洗衣房、浴室为核心，作为固定空间，尽端为卧室，通过较长的走廊加强了私密性，在住宅的另一端，以不到顶的大储藏室隔墙分隔出学习室、起居室和餐厅

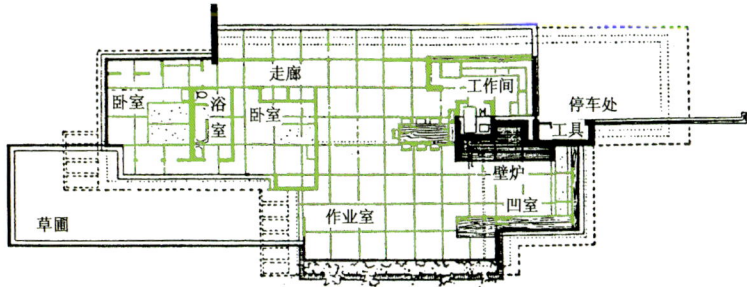

图 2-7　赖特设计的文克勒·高次齐住宅是现代建筑空间设计的范例。它以正方形的模数来布置平面，特点是按规定的方格网作自由分隔，形成开敞的空间，为以后的分隔壁面选用新材料、新结构提供了基础

3. **开敞空间和封闭空间** 开敞空间和封闭空间具有相对性，取决于空间的使用性质和与周围环境的关系，以及视觉上和心理上的需要。在空间感上，开敞空间是流动的、渗透的，它可提供更多的室内外景观并扩大视野；封闭空间是静止的、凝滞的，有利于隔绝外来的各种干扰。在使用上，开敞空间灵活性较大，便于经常改变室内布置；而封闭空间提供了更多的墙面，容易布置家具，但空间变化受到限制，和大小相仿的开敞空间相比要显得小。在心理效果上，开敞空间常表现为开朗、活跃；封闭空间常表现为严肃、安静或沉闷，但富于安全感。在景观关系上和空间性格上，开敞空间是收纳性的、开放性的；而封闭空间是拒绝性的，开敞空间表现为更具有公共性和社会性，而封闭空间更带私密性和个体性。

二、室内空间的构成

在三维空间中，等量的比例如正方体、圆球，没有方向感，但有严谨、完整的感觉。不等量的比例如长方体、椭圆体，具有方向感，比较活泼，富有变化的效果。因此，室内空间形式主要决定于界面形状及其构成方式（图2-8）。

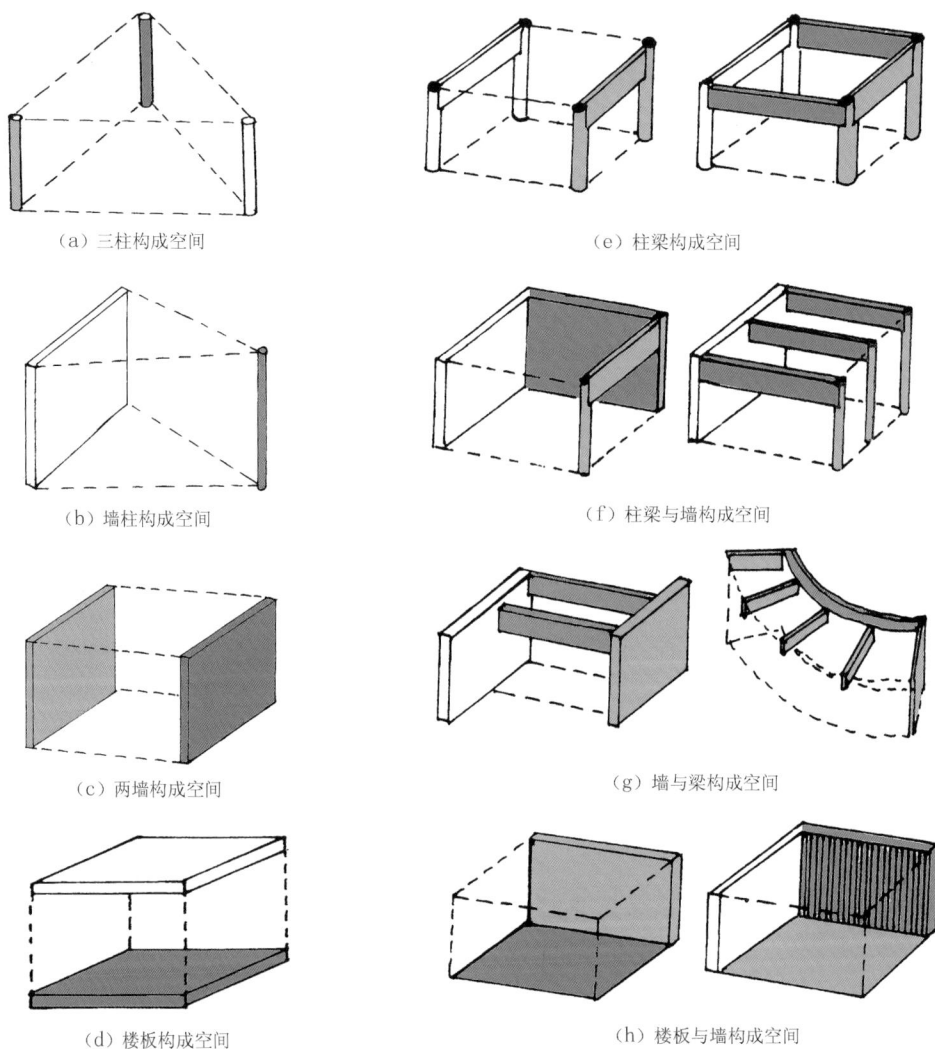

（a）三柱构成空间

（b）墙柱构成空间

（c）两墙构成空间

（d）楼板构成空间

（e）柱梁构成空间

（f）柱梁与墙构成空间

（g）墙与梁构成空间

（h）楼板与墙构成空间

图 2-8　以建筑中的柱、梁、墙和楼板为元素的最基本的空间构成。从图中我们可以看到，这些三角形、正方形或长方形的几何空间是如此完美无缺，如此整齐美观，它们因此也成为各种设计的基础。当然，并不是每一种形状都一定是纯粹的圆形、正方形和三角形，但是每一个形状都会包含一个或几个这样的要素，所以我们在进行这样的讨论时可以这些基本形状为主，进而探讨把这些形状组合起来的方式方法

三、室内界面处理

室内界面，即围合成室内空间的底面（楼、地面）、侧面（墙面、隔断）和顶面（平顶、顶棚）。对于室内界面的设计，既有功能和技术方面的要求，也有造型和美观上的要求，而作为材料实体的界面，设计时重点要考虑的是界面的线形、色彩、材质和构造这四个方面的问题（图2-9）。此外，界面设计还需要对建筑室内的设施、设备予以周密的协调，例如界面与风管尺寸及出、回风口的位置，与嵌入灯具或灯槽的设置，以及消防喷淋、报警、通讯、音响、监控等设施的接口需统一考虑。

（一）界面的要求和功能特点

1. 各类界面的共同要求

（1）耐久性及使用期限；

（2）耐燃及防火性能，现代室内装饰应尽量采用不燃及难燃性材料，避免采用燃烧时释放大量浓烟及有毒气体的材料；

（3）无毒，指散发气体及触摸时的有害物质低于核定剂量；

（4）无害的核定放射剂量，如某些地区所产的天然石材具有一定的氡放射剂量；

（5）易于制作、安装和施工，便于更新；

（6）必要的隔热保暖、隔声吸声性能；

（7）符合装饰及美观要求；

（8）符合相应的经济要求。

2. 各类界面的功能特点

（1）底面（楼、地面）——耐磨、防滑、易清洁、防静电等；

（2）侧面（墙面、隔断）——符合遮景、借景等视觉功能，按要求能达到较高的隔声、吸声、保暖、隔热等标准；

（3）顶面（平顶、顶棚）——质轻，光反射率符合设计要求（一般情况需要较高的反射率），较高的隔声、吸声、保暖、隔热要求。

（二）界面装饰材料的选用

1. 适应室内使用空间的功能性质

对于不同功能性质的室内空间，需要由相应类别的界面装饰材料来烘托室内的环境氛围。例如文教办公建筑的宁静、严肃气氛，娱乐场所的欢乐、愉悦气氛，与所选材料的色彩、质地、光泽、纹理等密切相关（图2-10）。

图2-9 "Echo Club"的弧线是这里的主宰，但天花的直线木条使变幻不定的曲线界面变得有章可循

图2-10 香港国际女青年会及青少年中心的大堂设计，不同色彩的三角形图案呼应国际女青年会的标志，参差的彩色立方体象征着青少年青春阳光、活泼好动的心理特征，与天花相呼应的是以"冰山"为造型的坐具，可谓匠心独运

2. 适合相应建筑部位的装饰　不同的建筑部位，相应地对装饰材料的物理、化学性能，以及观感等的要求也各有不同。例如对建筑外装饰材料，要求有较好的耐风化、防腐蚀的特性，由于大理石中主要成分为碳酸钙（$CaCO_3$），常与城市大气中的酸性物化合而受侵蚀，因此外装饰一般不宜使用大理石；又如室内房间的踢脚部位，由于需要考虑地面清洁工具、家具、器物底脚碰撞时的牢度和易于清洁，因此通常需要选用有一定强度、硬质、易于清洁的装饰材料。

3. 符合时尚需要　装饰材料的发展日新月异，这要求我们设计人员在熟悉装饰材料市场的基础上还要了解流行潮流趋势（图2-11）。

4. 要巧于用材　界面装饰材料的选用，还应注意"精心设计、巧于用材、优材精用、一般材质新用"。装饰标准有高低，即使是标准高的室内，也不应是高贵材料的堆砌。优先选用当地的地方材料，既可减少运输，降低造价，又可使室内装饰具地方风味。

（三）界面的线形和视觉感受

1. 界面的线形　界面的线形是指界面上的图案、界面边缘、交接处的线脚及界面本身的形状。

（1）界面上的图案与线脚。界面上的图案必须从属于室内环境整体的气氛要求，要考虑到设计的风格和主题，比如要和家具饰物等相协调，起到烘托、加强室内精神功能的作用。界面的边缘、交接、不同材料的连接，它们的造型和构造处理，即所谓"收头"，是室内设计中的难点之一，界面的边缘转角通常以不同断面造型的线脚处理。

（2）界面的形状。界面的形状，较多情况是以结构构件、承重墙柱等为依托，以结构体系构成轮廓，形成平面、拱形、折面等不同形状的界面；也可以根据室内使用功能对空间形状的需要，脱开结构层另行考虑。例如剧场、音乐厅的顶界面，近台部分往往需要根据几何声学的反射要求，做成反射的曲面或折面。除了结构体系和功能要求以外，界面的形状也可按所需的环境气氛设计（图2-12）。

图2-11　"浪漫一身"服装连锁杭州西湖店，"网"展开于整个空间，形态变化平滑舒缓，镜面不锈钢的使用克服了天花低矮的缺陷，光滑的地面所映照出的物体看上去恍如水中倒影

图2-12　上海Absolut Ice Bar模仿爱斯基摩人的圆顶冰屋形状座位区，和冷饮吧的环境十分吻合

图2-13　西班牙马德里Puerta America酒店第四层被扭曲的走道，设计师要营造的是一个光怪陆离的几何世界，找不到一点传统酒店的影子，一扫酒店在人们心目中只是安静的休息场所的形象，尝试充分利用表面面积来营造不同的空间效果

　　2. **界面的视觉感受**　室内界面由于线型的不同、大小的差异、色彩深浅的配置，以及采用各类材质，都会给人们以不同的视觉感受。界面的不同处理手法的运用，都应该与室内设计的内容和相应需要营造的室内环境氛围、造型风格相协调。如果不考虑场合和建筑物使用性质，随意选用各种界面处理手法，就可能会有"画蛇添足"的不良后果（图2-13）。

第三节　空间的序列

　　空间的序列，是指空间环境先后活动的顺序关系，是设计师按建筑功能给予合理组织的空间组合。各个空间之间有着顺序、流线和方向的联系（图2-14、图2-15）。空间序列设计除了要满足人的行为活动的需要之外，还是设计师从心理和生理上积极影响人的艺术手段。换句话说，设计师通过空间序列设计引导人先看什么，后看什么，这就是空间序列的内容。

一、空间序列的内容

　　1. **开始阶段**　序列设计的开端，它预示着将展开的内幕，如何创造出具有吸引力的空间氛围是其设计重点。

　　2. **过渡阶段**　序列设计中的过渡部分，是培养人的情感并引向高潮的重要环节，具有引导、启示、酝酿、期待及引人入胜的功能。

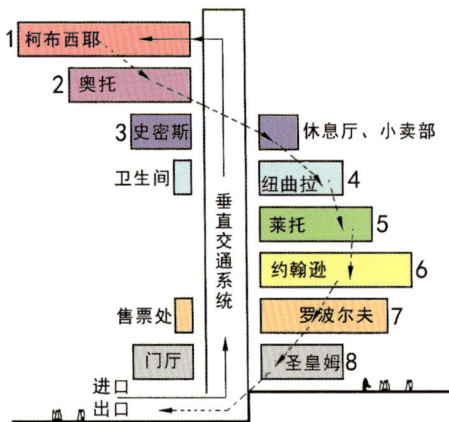

图 2-14　某建筑大师作品展览馆，分层展览了若干位建筑大师的作品。设计者为观众安排了如下参观顺序：首先让观众入厅乘电梯至顶层第一展览室——柯布西耶展室，顺梯下至第二展室——奥托展室，依次下至第三展室——密斯展室……从图中我们可以看到序列设计是大小空间、主空间和辅助空间穿插组合的。在进口附近必然安排有售票空间、门厅及交通空间。展览室是主空间，过渡到另一层时，配上休息厅、卫生间和小卖部等辅助空间。这一级级自上而下的空间序列，是设计师利用人向下行走时不感疲劳的规律，使参观者在不经意中看完展览，走到了展览馆的楼下出口处

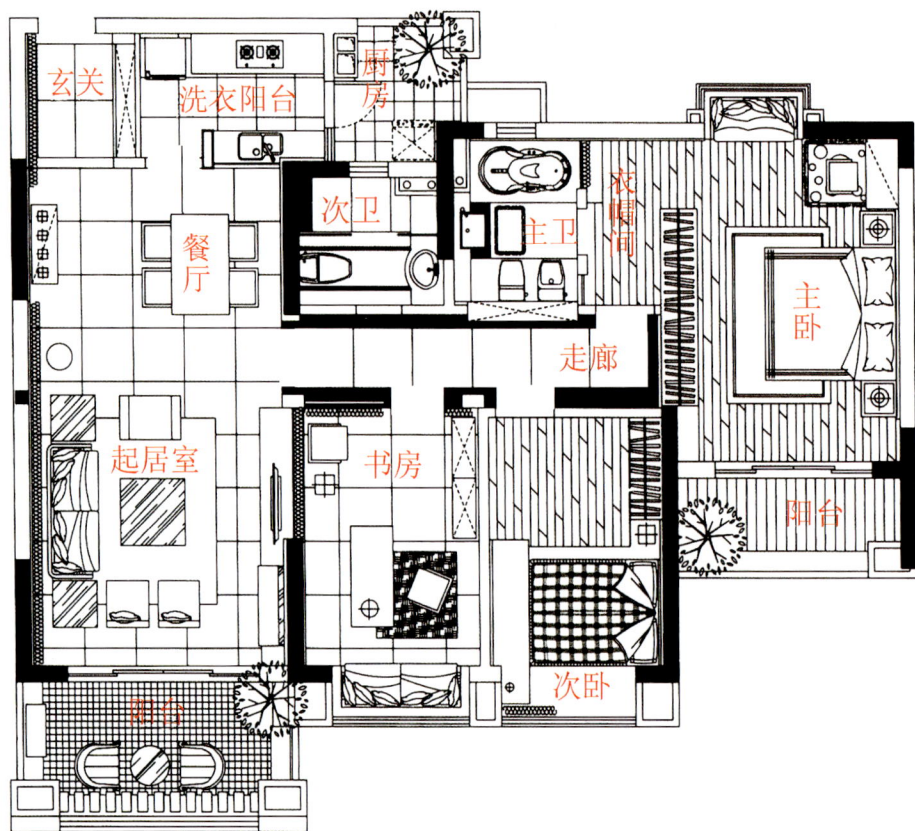

图 2-15　某样板房重新规划后的平面图，原设计内部规划不够合理，厨房与餐厅部分采光非常不好，而且封闭式厨房造成客厅通风不畅，经过设计师的调整，牺牲了部分实用功能，但使总体的空间序列安排更加合理。由于隔断全为透明的玻璃，各个序列相互之间存在着视觉上的整体性和连贯性，更重要的是实现了住宅空间的环保生态化

3. **高潮阶段** 序列设计中的主体，是序列的主角和精华所在，在这一阶段，目的是让人获得在环境中激发情绪、产生满足感的种种最佳感受。

4. **结束阶段** 由高潮回复到平静，也是序列设计中必不可少的一环，精彩的结束部分设计，要达到使人去回味、追思高潮后的余音之效果。

二、空间序列设计的手法

空间序列在实际的方案设计中肯定不会是一成不变的，影响空间序列的因素主要是序列长短、高潮的数量和位置的选择，但设计手法有其共性。

1. **导向性** 以空间处理手法引导人们行动的方向性。设计师常常运用美学中各种韵律构图和具有方向性的形象类构图来传递信息，作为空间导向性的手法。在这方面可利用的要素是很多的，诸如墙面不同的材料组合、家具摆放、列柱及装修的方向性构成等（图2-16）。

2. **视线的聚焦** 利用视线聚焦的规律，有意识地吸引人们的注意力，在序列设计中可多层次、多样化地反复使用。

3. **空间构图的多样与统一** 空间序列的构思是通过若干相互联系的空间，构成彼此有机联系、前后连续的空间环境，它的构成形式随着功能要求而呈现。"豁然开朗""出乎意外""别有洞天""先抑后扬"等成语可以准确地描绘这一空间的处理手法（图2-17）。

第四节　空间的分割和组织

一、空间的分隔方式

1. **绝对分隔** 绝对分隔出来的空间就是常说的"房间"。这种空间封闭程度高，不受视线和声音的干扰，与其他空间没有直接的联系。卧室、卫生间及餐馆的独立包厢等都是典型的空间绝对分隔形式。

2. **相对分隔** 相对分隔的形式比较多，被分隔出来的空间封闭程度较小，或不阻隔视线，或不阻隔声音，或可与其他空间直接来往（图2-18）。

3. **弹性分隔** 有些空间是用活动隔断（如折叠式、拆装式隔断）分隔的，被分隔的部分，可视需要各自独立，或视需要重新合成大空间，目的是增加功能上的灵活性（图2-19）。

4. **象征分隔** 多数情况下是采用不同的材料、色彩、灯光和图案来实现。利用这种方法分隔出来的空间其实就是一个虚拟空间，可以为人所感知，但没有实际意义上的隔断作用。

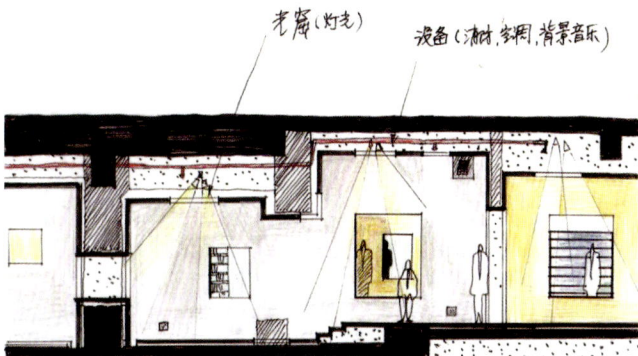

图2-16　楼梯通道的照明设计具有极强的方向导向性

图2-17　上海半岛1919红坊艺术中心，利用原建筑的地势高差，各展厅空间自然形成层层递进、不断变化的形态，使观众对下一空间有着无尽的想象和期待

图 2-18　一个大型的砖砌拱门将整个家庭办公空间相对地一分为二，既有了功能区域的划分，又不影响视觉空间的整体性

（a）　　　　　　　　　　　　　　　　　　　　（b）

图 2-19　在这个利用工业建筑改造的办公空间中，斑驳的活动隔板架是进行空间分割的主角，可以为工作需要提供任意的空间组合

　　室内环境设计的空间分隔，不单是一个技术问题，也是一个艺术问题，除了要考虑空间的功能之外，还必须注意分隔的形式、组织、比例、方向、图形、构成及整体布局等。良好的分隔总是虚实得体和构成有序的。

二、空间的组织

　　空间组织有四个排序系统，即线性结构、放射结构、轴心结构和格栅结构。它们构成了所有空间规划的基础（图2-20）。

　　1．线性结构　线性结构把建筑中的单元空间沿着一条线进行布置，单元空间可能在形状或尺寸大小方面有所不同，但它们都相连于这一通道，这就呈现了线性布置安排的结构。

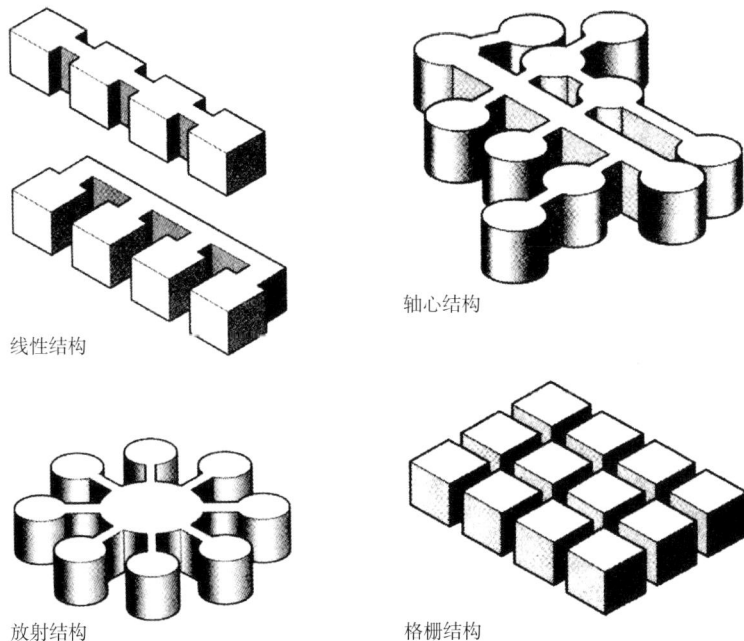

图 2-20 空间规划的四种排序系统：线性结构，空间沿着一条线排列；放射结构，有一个
中央核心，各空间围绕中心或从中心向外延伸；轴心结构，包括在重要的空间方位交叉或以
其为终端的线性结构；格栅结构，在两组互为轴线的平行线之间建立重复的模块结构

2. 放射结构　放射结构的布局有一个中心方位，空间和通行走道从该中心向外伸展。放射结构多半为较正式的布局，其重点是在中央空间，但这类布局也可能是不规则的、形式松散的结构。

3. 轴心结构　当出现两个或两个以上主要的线性结构，而且它们以一定的角度交叉时，空间的组合形式即成为轴心结构，空间的每一条轴线本身也可能是设计的一个重点。

4. 格栅结构　格栅结构把同样的空间组织在一起，一般由环流路线所框定。格栅结构的尺寸可大小不一，环流通道交叉的角度也可不同，由此可确定并突出某一特别的区域，但是如果这一结构采用过于频繁或用于不合适场所，则可能会显得相当混乱或单调乏味。

第五节　空间的构图

一、平衡

平衡即对立双方在数量或质量上相等。平衡在自然界中表现出四维的特性——长、宽、高和时间。室内设计中的平衡，采用了建筑和家具上的视觉重量——视重的概念，任何事物给我们留下的心理印象和引起的注意力决定了它的视重。尽管视重没有放之四海而皆准的固定公式，但通常具有以下特点。

（1）大的物体和空间比小的物体和空间视重重，但是一组小的物体可以和一个大块物件达到平衡；

（2）本身比较重的材质，比分量较轻的材质的视重大，如石头和木头的比较；

（3）不透明的材质显得比透明的材质重；

（4）暖色、深色和鲜艳的色彩看上去比冷色、浅色和暗淡的色彩要重；

（5）位于视线上方的物体视重大于视线下方的物体的视重；

（6）活泼的肌理和图案纹样比朴素平滑的表面更长久地吸引人的注意力；

（7）独特的、不规则的物体形状相比起其实际尺寸的大小更醒目，而意料之中的、一般的物体及形状则易融入背景中；

（8）强烈的肌理、图案纹样和色彩的对比，比相似和谐的肌理、纹样和色彩会给人留下更深的印象；

（9）光照明亮的区域比光线昏暗的地方更容易引起人们的注意。

在现实生活中我们都有这样的生活体验，一小点鲜艳的色彩可以和一大片灰暗的区域达到平衡；从视觉角度说，一幅重要的绘画可以和面积很大的砖墙一样"重"。室内设计中的平衡，就是能保持着这种相互作用力的影响的平衡（图2-21）。

居室是人活动的空间，它的平衡由家具、陈设、光线和人的活动表现出来。人们在习惯上将平衡分成三类：对称平衡、不对称平衡和中心平衡（图2-22）。

1. 对称平衡　对称平衡也被称之为两侧相等的、正规的或被动的平衡。当某物的一边是另一边的倒影（镜像）时便产生了对称。对称平衡中蕴含着的庄严、严谨和高贵，在古典建筑和传统室内装饰中得到了很好的体现。不过，一般而言，将一件物体平分为两个等分会明显地减小物体的尺寸。

在室内空间中，很少有整套房间或单个房间是完全对称的（实用和多样性的需求排除了这样的做法）。不过很多房间存在着对称的家居布置，如方位居中的壁炉、面对面放置的沙发、椅子等。我们常常会出于习惯或懒散而随意地采用对称，于是这样的对称便失去了其本身的魅力，产生了诸多不便，显得单调而无趣。在对称框架下小小的变化有助于提起人们的兴趣，这就是对称的两边通常只是相似，具有相同的视重和不同的形状，而不是完全相同（图2-23）。

图 2-21　淡雅的冷色调和天花的镜子使空间显得宽敞，但感觉上过于呆板和缺乏生气，两个小小的红色玻璃花瓶，尽管只是放置在不起眼的一侧，但它们马上给空间带来了活力，调节和平衡了空间的气氛

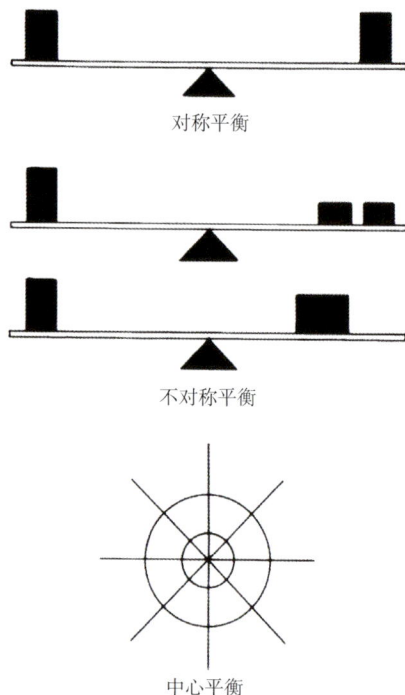

对称平衡

不对称平衡

中心平衡

图 2-22　平衡的类型

图2-23　上海圣马利诺别墅的起居室，以壁炉为中心轴线，左右两边的沙发体量近似但形状不同，视觉上做到相似对称平衡，空间更具灵气

2. **不对称平衡**　不对称平衡也被认为是非正式的、主动的和隐藏的平衡。不对称平衡产生于视重的相等，而尺寸、形状、颜色、样式、间距、无形的中心轴两边的分布却不相等。这就是杠杆或秋千原理：离中心的距离乘以重量。物重和视重具有相同的规律，即靠近中心的较重的物体和距离较远的较轻的物体取得平衡。

不对称平衡的效果和对称平衡的效果有着显著的区别。不对称可更迅速有力地激发我们的视觉兴奋，暗示着运动、自发和非正式性。不对称平衡没有对称平衡那么明显地引起我们探究平衡建立方式的好奇心，从而激发了更深的思想，散发着更加持久的魅力。另外，我们还可以从墙体立面图的平衡中看出不对称平衡的另一种样式：将最重的物体置十底部，从顶部开始由轻到重放置物体，以抵消重力的影响（图2-24）。

3. **中心平衡**　当一个组合在中心点周围重复出现并都得到了平衡时，这就是中心平衡。它最大的特点就是一种圆周运动，或是从中心发散，或是汇聚到中心，或是环绕中心。

二、节奏

节奏被定义为连续的、循环的或有规律的运动。通过应用节奏，我们可以做到总体上的统一性和多样性。和谐和统一是节奏重复和渐进的产物，特征和个性在一定程度上由基本的节奏决定——有的轻松愉快，有的粗犷活泼，还有的精致安宁。重复、渐变、过渡和对比是节奏运用中的四种基本方法。

1. **重复**　简单来说，重复就是重复使用颜色、材质或图案，但单纯地应用重复不会有太大

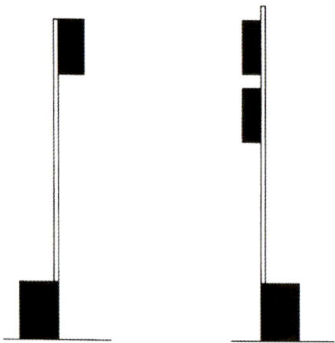

图 2-24 垂直平衡概念示意图

图 2-25 某办公空间设计师在墙面和地面上采用了同一种材料，中间使用弧形曲面来进行过渡，使空间更具整体性

图 2-26 上海"1933老场坊"保护性修缮工程。上部原建筑结构的陈旧、黯淡、粗糙与下部改造后的时尚、光亮、精细形成了强烈的对比，构成了审美、艺术和文化的精致品位

的作用。应用重复时，有以下几条准则。

（1）需要重复的是那些能加强基本特性的形状和颜色；

（2）避免重复平庸和普通的事物；

（3）如果重复太多而缺少必要的对比会导致单调；

（4）重复得太少则缺乏整体性，导致了紊乱。

2. **渐变** 渐变是有序的、规则的变化。是对一种或几种特征性质，按照顺序排列或层次渐变。这种有目的的连续变化暗示了向前的动感，因此相比较简单的重复，渐变更具有活力。

3. **过渡** 过渡是节奏更加微妙的表现形式。它引导着我们的目光以一种柔和缓慢的、连续不断的、不受阻挡的视觉流的形式从一处转移到另一处。曲线通常能产生平滑的过渡作用（图2-25）。

4. **对比** 对比是有意地将形状或颜色形成强烈反差，而且是突然地而不是逐渐地变化。比如把方形和圆形放在一起；红色放在绿色边上；垂直线或形状与水平面成90度直角等，在室内装饰中，节奏的强烈反差越来越成为流行的主题：朴素的背景衬托出华丽的物件；新物件和旧物件的相互搭配（图2-26）。

三、加强

加强通常是从主次方面的角度来考虑的，它要求在对整体和每一个部分予以适当重视的同时，着重加强那些重要的部分，次要的部分则可以一带而过。加强必须处理好焦点部分与其余部分的相互关系，以及在这两者之间人们兴趣程度不等的过渡部分。没有加强，居室会变得像钟表刻度那样单调乏味；而没有了次要部分和过渡部分，其实也就意味着没有加强，就会像交通堵塞那样你争我抢，毫无主次。

应用加强的模式包含两个步骤：决定每个单元的重要性程度，或者它们应该具有的重要性，然后给予相应的视觉重视程度。但是，房间中的焦点需要其他要素的衬托。也就是说，焦点并不是唯一吸引人的地方，它要和其他那些将眼球吸引到主要区域的家具装饰相互联系（图2-27）。

四、尺度与比例

尺度与比例是两个非常相近的概念，都用于表示事物的尺寸和形状。它们所涉及的仅是大小、数量和程度问题。在建筑或室内设计领域中，比例是相对的，它常用于描述部分与部分或部分与整体的比率，或者描述某物体与另一物体的比率，比如2：1。而尺度指的是物体或空间相对于其他对应物的绝对尺寸或特性，比如10米对3米。用最简单的词语来表达，比例通常被说成是令人满意的或不满的，而尺度则说成大或小。对一个物品的设计必须在尺寸、形状和重量间有一个适当的相对关系，如果设计的物品非常大，那就会因为看上去笨拙不堪而毁了整个外观；如果设计得很小，又会看上去不够醒目，像是随手放上去的（图2-28）。对一个封闭图形而言，正方形是最差的比例关系，而长宽比为2：3的矩形则是最佳的。方形的房间确实会产生很多设计上的问题，其中之一是难以避免的对称性，另一个则是一般的家具的长方形外观与屋子正方形边界之间的糟糕对比。

图2-27 某别墅的起居空间可以按照下面的方法进行分解：

· 重点加强的部分——落地窗外的风景；

· 占优势的部分——一个靠窗而立的极具特色的橱柜；

· 亚优势的部分——主体家具和茶具；

· 次要的部分——地板、墙壁、天花板和其他配件。

　　要是分析一下这间房间的室内设计，可以很清楚地看到：设计师有意对某些要素做出巧妙的处理，呈现出它们在其他情况下不具备的重要程度。这所房屋位于整个别墅区的中心景观带，对于房屋的主人来说希望能将这美丽的景色尽收眼底。客厅中大的落地窗使得窗外的景色成为整个室内设计中的最大亮点。在第二层次，极具民族风味的特色橱柜被单独安放在落地玻璃窗前，显得很突出，具有相当的重要性，在通透性很强的玻璃窗前给人突出而不突兀的感觉。组合座椅原先可以是房间中占优势的部分，但是这里藤制家具的质朴明显没有前面提到的橱柜抢眼，所以就成了亚优势的角色。茶具起到了活泼空间的作用，从房间整体来看，茶具也起了亚优势的作用。地板和天花在这里只能处于次要的部分了

图2-28 "穿旗袍的椅子"，可以根据室内环境的要求来选择椅子上的图案大小和颜色的搭配，以符合空间的尺度和比例关系

图2-29 卧室在色彩设计中以黑白灰为主线，无色彩的运用使空间带有"禅"的韵味，也暗示了主人的精神境界和修养

图2-30 每一件陈设都具有不同的形态，但这种多样性并没有造成空间的紊乱，因为它们和界面的特殊形态处理达成了默契，正是设计风格的体现

五、和谐

虽然在设计策略上要突出一定的层次感，但维持整体的和谐依然十分重要，这样各部分才不会看上去像是随意堆砌或互相冲突。和谐被定义为一致、调和或是各部分之间的协调。

大体上说，当统一性和多样性这两方面相结合时，就达到了所谓的和谐。没有多样性的统一会显得单调而缺乏想象力；多样化如果缺少了诸如颜色、形状、图案或主题的统一性，就会显得过于刺眼、缺乏组织且不协调。

1. **统一性** 一般来说，统一是由一个组合物的各部分之间的重复、相似或一致性来达到的。建筑通常确定了空间内外各部分的基本特征。家具的选择应与室内建筑的结构线相呼应，或者为了产生连续感而对颜色、材质或图案进行匹配，比如在整个房间里都使用同一颜色的地毯。主要构件必须能表达一种连续的基本特征，然后再用次要要素予以辅助补充。当然，如果复杂的设计要素一再重复，造成过度的统一性，就会导致视觉上的不适（图2-29）。

2. **多样性** 多样性可以为设计工作增添活力、变化和激情。它的差别可能只会像颜色与质地、外形与空间这类极易同化的要素间的差别那样微小，也可能会像新旧并陈那样明显。未经过规划的、过度的多样性看上去肯定会显得一团糟，它们缺乏视觉上的简洁感（图2-30）。

事实上，在室内设计中如果想仅仅通过注入适量平衡、节奏、加强、和谐、尺度和比例等，就能得到完美方案，那就太可笑了。更多时候，某些原理只在打破它们时才会被注意到。

第三章

室内色彩设计

第一节 色彩的象征、语义和联想

一、色彩的象征性

由于不同的人对色彩的不同识读与理解，色彩的象征意义大多也是多义的。色彩象征意义在具体的色彩应用中，需要结合"上下文"的"语境"，才能进行准确的识读。在具体的室内设计过程中，设色既要建立在人之常情的基础上，也必须重视约定俗成的规范。要根据不同人对色彩的不同理解与感受，根据不同地方、民族、国家的不同色彩"概念"，来"准确"地对室内进行设色。

二、色彩的语义

色彩不可能有固定的意义，人对色彩的理解和感受往往都是一种相对的、朦胧的意识，对色彩的好恶感也往往都是不确定的。研究色彩不应拘泥于某一种具体颜色，而是应当注重对不同颜色之间关系的研究。颜色不是孤立的，而总是处在与其他颜色的关系之中，这也就是我们所要说的色彩的语义问题。

色彩的语义，有两点必须注意：一是色彩必须落实到具体的形象时才有意义；二是一种颜色必须与其他颜色发生一定的关系时才有其确定的意义。室内墙、天花板、地面等的设色，既要考虑这三者的上下层次关系，同时又要考虑在这个空间中可能会有些什么样的家具及其他物件。反过来说，室内设色一旦确定，家具的色彩就应当与之协调（图3-1）。

三、色彩的联想

联想这种心理活动，在人们的色觉过程中也常常发生。由色彩所引起的视觉联想，可以分为具象与抽象两种。由色觉所引起的抽象联想多具有某种概念性的意义，值得注意的是，抽象联想中往往还包括许多因人而异的因素。色彩的具象联想往往是由某一物体的固有颜色所引起的，例如见到白色，人们往往会联想到雪、砂糖等。当然，由于不同的人所接触的具象不同，他们对色彩的联想也就会有所不同（图3-2、表3-1）。

表 3-1 色彩的联想

色彩	抽象联想	具体联想
红	热情、革命、危险	火、血、口红、苹果等
橙	华美、温情、嫉妒	炎、秋、橘、柿子等
黄	光明、幸福、快乐	光、柠檬、香蕉等
绿	和平、安全、成长	森林、田园、树叶等
蓝	沉静、理想、悠久	蓝天、大海、南国等
紫	优美、高贵、神秘	紫罗兰、葡萄等
白	洁白、神圣、虚无	雪、白云、砂糖等
灰	平凡、忧恐、忧郁	阴天、金属、老鼠等
黑	严肃、死灭、罪恶	黑夜、煤炭等

图 3-1　地毯是咖啡色系的图案，靠门一侧墙上的大幅装饰物上有大面积的红色，而背景墙和家具是灰色，灰色本身是可以和任何颜色搭配、蕴含所有颜色的丰富色彩

图 3-2　紫色系，或浪漫，或妩媚，或高雅，或纸醉金迷。紫色提升了餐厅的时尚感，又透露出浓浓的神秘感与浪漫气息

第二节　室内色彩机能

一、室内色彩性格表现

色彩是一种语言形态，不同的色调可以产生不同的色彩效果，它能影响人们在室内空间环境中的情绪。

（1）黄、橙、红和红紫等暖色，属于积极的色彩，具有明朗、热烈、欢愉等感觉；蓝绿、蓝和蓝紫等冷色，属于消极的色彩，具有安详、冷静与平和等感觉；而黄绿、绿和紫等中性色彩则具有较为中庸的性格（图3-3）。

（2）暖色具有兴奋的作用，高明度色彩具有开朗的性质，而高彩度色彩具有刺激的效能。这些积极而兴奋的色彩，具有前进感，看起来比实际距离近些。对于娱乐性等动态空间来说，颇具助长情绪的效果，但不适于长时间静态活动的需要（图3-4）。

（3）冷色具有镇定作用，明度较低的色彩具有安定的性质，而彩度较低的色彩具有沉静的效能。这些消极而镇定的色彩，具有后退感，看起来比实际距离要远些。对于长时间的休闲、休息和工作等静态活动大有裨益，但不适于短时间动态活动的需要。

（4）单纯统一的色彩较为温柔抒情，符合私密性和静态活动的原则（图3-5）；鲜明对比的色彩较为强烈主动，符合群体性和动态活动的条件。

（5）室内色彩必须最大限度地满足个人或群体对于色彩的偏爱，充分把握室内使用者的性格特色，使人拥有性格鲜明、积极的生活环境。在特殊情况下，我们还可以利用色彩情感，以矫正性格上的错误倾向，或促进性格上的正常发展。

（6）色彩的象征除必须根据观念、情感、想象力等概念因素，以及性别、年龄、职业、教育等实际因素以外，还应注意时代的变化、地域性的差异等综合条件，方能取得正面而积极的效果。

二、室内色彩与空间调整

1. 色彩对于室内设计具有面积或体积上的调整作用

（1）明度高、彩度强和暖色相的色彩，属于具有膨胀性的色彩，皆具有前进性；相反，明

图 3-3 通过对比可以感受到不同色调产生的不同空间感受

图 3-4 餐厅主题墙以红黑墙绘的阿拉伯风格图样为主，透露出浓浓的异域风情，暖色的妆点使整个空间热烈、时尚、奢华、尊荣，又极具韵味

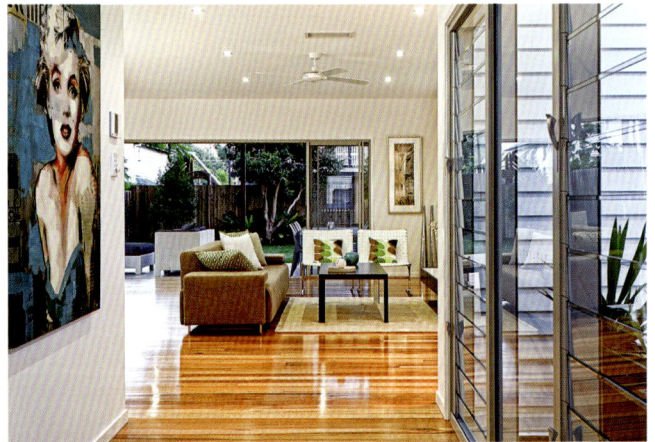

图 3-5 单色调空间使人感觉柔和平静，其中点缀以属于中间色的茶色沙发和靠垫，则使空间在总体氛围不变的情况下多了一点柔化，蓝色的装饰画起到了画龙点睛的装饰作用

度低、彩度弱和冷色相的色彩，属于收缩性的色彩，皆具有后退性。

（2）采用具有前进性的色彩处理墙面，可使空间紧凑亲切；反之，用具有后退性的色彩来处理墙面，则使空间感觉宽敞。

（3）室内空间较为宽敞时，家具或陈设皆需采用膨胀性较大的色彩，使室内产生较为充实的感觉；空间较为狭窄时，家具和陈设则宜采用收缩性较大的色彩，使室内产生较为宽敞的感觉（图3-6）。

（4）变化较多的色彩可以使较为宽敞的室内空间显得丰满；单纯而统一的色彩则使较为狭窄的室内空间变得较为宽敞。

（5）色彩的形状和图形也可改变空间（图3-7）。

2. 色彩具有质量感（图3-8）

（1）明度大的，色彩较轻；明度小的，色彩较重。

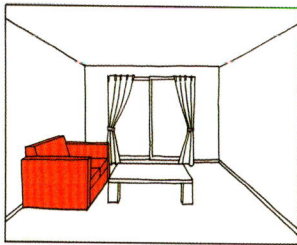 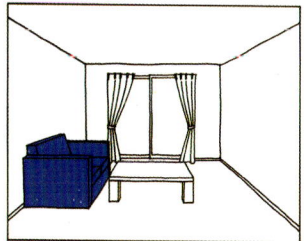

（a）　　　　　　　　　（b）

图3-6　不同的家具和界面材料的色调都会让人对同一空间产生不一样的感觉：深色宁静稳重，但使小空间有压迫感；中间色可以弱化压迫感又不破坏和谐；而淡色几乎让我们感觉不到它的存在，使小空间显得宽敞明亮

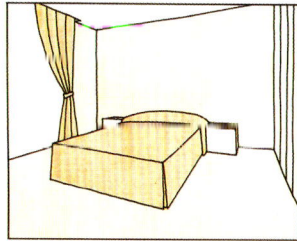 

（c）　　　　　　　　　（d）

 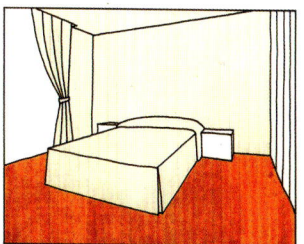

（e）　　　　　　　　　（f）

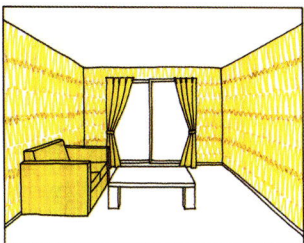 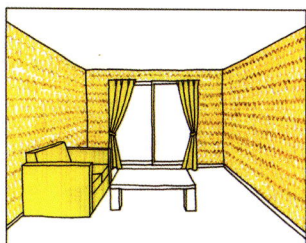

（a）　　　　　　　　　（b）

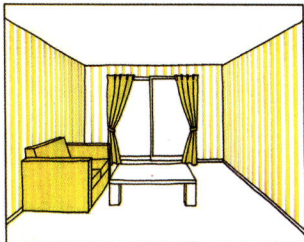 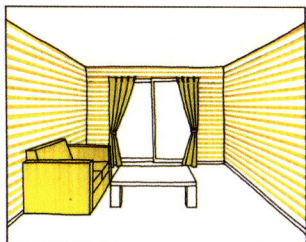

（c）　　　　　　　　　（d）

图3-7　图案花样对空间的影响：（a）大的花样使房间显得较小；（b）小的花样使房间显得较宽大；（c）垂直花样使天花板显得较高；（d）平行花样使房间显得顺着花样的方向延伸出去

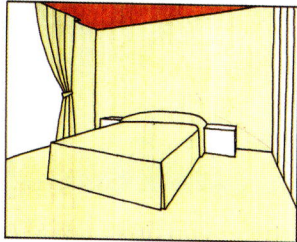 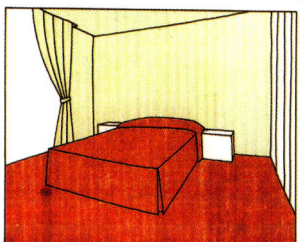

（g）　　　　　　　　　（h）

图3-8　色彩具有质量感，会影响空间的视觉感受：（a）红色有放大的感觉，使空间显得小；（b）蓝色有距离感，蓝色沙发看起来比实际上的要小，使空间显得大；（c）明调色彩使空间看起来较宽敞；（d）壁面和天花采用较深的色彩，使空间看起来较窄小；（e）地板和天花采用较深的色彩，使空间在水平方向上看起来较宽大；（f）地板用较深的色彩（天花和壁面用较浅色彩），产生平和的气氛，使空间看起来较宽敞；（g）天花用较深的色彩，使空间具有紧张感；（h）家具色彩要搭配地面和壁面的色彩，可以使过大的家具在空间的视觉感上取得协调

　　（2）明度、彩度高的，色彩较轻；明度、彩度低的，色彩较重。

　　（3）同明度同彩度的暖色相较轻，而冷色相较重。

　　（4）轻的色彩必然具有上浮感，重的色彩也必然具有下沉感。

　　（5）假如空间过高，天花板可以采用略重的下沉性色彩，地板可以采用较轻的上浮性色彩，使高度得以调整。反之，假如空间过矮，天花板采用上浮性色彩，地板采用下沉性色彩，能使室内产生较高的感觉。

　　（6）室内太矮时，无论天花板和地板的色彩都必须单纯；室内偏高时，则宜采用较富于变化的色彩。

三、室内色彩与采光

室内采光太强时，必须采用反射率较低的色彩，以缓和强烈光线对于视觉和心理上的双重刺激。反之，室内采光太暗时，则需采用反射率较高的色彩，使室内光线效果得到适度的改善。

采光的方向方面，北面采光虽光线稳定，但常失于沉闷或阴暗，若采用明调暖色时，可以使室内光线趋向明快；南面采光较为明亮，以采用明调中性色或冷色较为相宜；东面采光上下午光线变化强烈，与采光方向相对的墙面宜采用吸光率略高的色彩，而背光墙面则宜采用反射率较高的色彩；西面采光光线变化更强烈，除采用东面采光的相同原则外，还必须酌情考虑色彩的反射率予以调节，且采用冷色调为宜。

四、室内环境色彩的标志作用

室内环境色彩的标志作用主要体现在以下5个方面。

1. **安全标志**　为防止灾害和建立急救体制而使用，虽然国际上尚无统一规定，但各国都有一些习惯性的使用手法。

2. **管道线识别**　在建筑室内环境设计中，将不同的色彩涂饰到不同的管道上，将有助于管道与设备的使用、维修和管理工作的展开。

3. **空间导向**　在建筑内部大厅、走廊及楼梯间等场所沿人流活动的方向铺设色彩鲜艳的地毯、设计方向性强的彩色地面，即可提高交通线路的明确性，更加明确地反映出各空间之间的关系。

4. **空间识别**　在高层建筑中，可用不同的色彩装饰楼梯间及过厅、走廊的地面，使人们易识别楼房的层数；在商业建筑营业空间中则可用不同的色彩来显示各种营业区域等。

5. **室内色彩的调节作用**　室内环境色彩在室内设计中的调节作用，主要表现在对空间与光线两个方面的调节上，所用手法可综合前面提到的各种办法。其调节的目的就在于使人们在内部空间中获得安全、舒适与美的享受；有效地利用光照，使人易于看清，并减轻眼睛的疲劳，提高人们的注意力；最后还能提高工作的效率，为内部空间创造出更加整洁的环境场所（图3-9）。

图3-9　绿色是自然色彩，对眼睛没有刺激性，让人觉得放松舒适，可为环境营造轻松的气氛

第三节 室内色彩设计的原则与方法

一、室内色彩设计的原则

建筑室内色彩设计的原则主要包括以下几个方面的内容。

1. 充分考虑室内环境色彩的功能要求 由于色彩具有明显的生理与心理效果，能直接影响到人们的生活、生产、工作与学习，因此在进行内部空间色彩设计时，应首先考虑功能上的影响，并力争体现出与功能相应的性格和特点。具体地说在设计上应从这样几点入手：首先要认真分析空间的性质和用途，并且还要处理好整个内部环境的色彩关系；其次要认真分析人们感知色彩的过程，以便能给人们带来一个具有审美感受的内部空间环境；再者还要适应生产、生活方式的改变，使之更加科学化与艺术化，在处理手法上更加准确与自由（图3-10）。

2. 力求符合构图原则 室内环境色彩的配置必须符合形式美学法则，正确处理与协调好室内环境色彩的对比与调和、主景与背景、基调与点缀等色彩之间的关系（图3-11）。具体地讲，以下几点在设计中必须认真做到。

（1）定好基调 色彩基调很像是乐曲中的主旋律，它是由画面中最大、人们注视最多的色块决定的。一般地说，地面、墙面、顶面、大的窗帘、床罩与台布的色彩都能构成建筑室内色彩的基调。

（2）处理好统一与变化的关系 从整体上看，墙面、地面、顶面等可以成为家具、陈设与人物的背景，从局部看，台布、沙发又可能成为插花、靠垫的背景。因此，在进行设计时，一定要弄清它们之间的关系，使所有的色彩部件构成一个层次清楚、主次分明、彼此衬托的有机体。

（3）注意体现稳定感与平衡感 建筑室内色彩在一般情况下应该是沉着的。低明度与低纯度的色彩及无彩色系列就具有这样的特征，如上轻下重的色彩关系就具有稳定感，也就容易产生平衡的因素，在设计中要把握好这样一些设计基本语言的准确运用。

（4）注意体现韵律感与节奏感 建筑室内色彩的起伏变化要有规律性，以形成韵律和节奏。在设计中要恰当地处理门窗与墙、柱、窗帘及周围部件的色彩关系，有规律地配置室内环境中家具、灯具与陈设物品的环境色彩，使其具有连续、渐变、交错与起伏的变化，产生明显的整体感与规律性。

3. 室内环境色彩设计要与建筑材料密切结合 研究色彩效果与材料的关系主要是要解决好两个问题：其一，能用不同质感的材料来表现不同的色彩效果；其二，能尽可能地充分运用材料的本色，使建筑室内色彩更加自然、清新和丰富。

4. 建筑室内环境色彩设计应努力改善其空间效果 建筑室内空间的形式与色彩关系是相辅相成的。一方面由于空间形式是先于色彩设计而确定的，它是配色的基础；另一方面由于色彩具有一定的物理效果，又可以在一定程度上改变其空间形式的尺度与比例关系。

5. 建筑室内环境色彩设计要考虑民族、地区与气候特点 建筑室内环境色彩对于不同的人种、民族来说，由于地理环境的不同，历史沿革不同、文化传统不同，其审美要求也不尽相同，使用色彩的习惯往往也就存在着很大的差异（图3-12）。如朝鲜族喜欢轻盈、文静、明快的色彩，藏族则喜用浓重的对比色彩来装点。气候条件对色彩设计也有着很大的制约作用，如我国南方多用较淡或偏冷的色调，在北方则可多用偏暖的颜色。在同一地区，不同朝向的室内色彩也应有区别，如朝阳的房间色彩应偏冷，阴暗的房间色彩则应暖和一些。

二、室内色彩设计方法

在进行建筑室内色彩设计时，首先要对室内环境设计对象进行充分的了解，根据设计对象的特点，运用相关色彩知识进行环境色彩的设计，并注意色彩整体的统一与变化。最后还要进

图3-11 蓝色是餐厅整体空间的主色调，局部的构成色彩是对比强烈的红色靠垫、餐椅和地砖，设计表现动感韵律十足，整体和局部相得益彰，互为衬托

图3-10 这是美国洛杉矶一家设计与经营学院的办公室的色彩设计，隔断上色彩明快的植物图案、象征天空的蓝色玻璃悬空办公空间，让人联想起加州湛蓝的天空和明媚的阳光，创造出和谐轻松的办公环境

图3-12 古朴的木床、竹制的花瓶，与有着原汁原味色彩和图案的挂毯和靠垫组合在一起，一股浓浓的原生态乡土风情跃然眼前

行适当的调整和修改，才能最终确定其室内环境色彩设计的效果。其设计步骤为：从整体到局部，从大面积到小面积，从美观要求较高的部位到美观要求相对较低的部位。而从色彩关系来看，首先要确定明度，然后再依次确定色相、纯度与对比度（表3-2）。

表 3-2 　　　　　　　　室内色彩设计具体步骤与工作内容

步骤	设计步骤	主要工作内容
1	前期准备	了解建筑的功能及使用者的要求
		绘制设计草图（透视图）
		准备各种材料样本及色彩图册等
2	进行初步设计	确定基调色和重点色
		确定部分配色（顺序：墙面→地面→天棚→家具→室内其他陈设）
		绘制色彩草图
3	调整与修改	分析与室内构造、样式、风格的谐调性
		分析配色的谐调性
		分析与色彩以外的属性关系（如有无光泽、透明度、粗糙与细腻、底色花纹等）
		分析色彩效果是否正确利用（如温度感、距离感、重量感、体量感、色彩的性格、联想、感情效果、象征个性等）
4	确定设计效果	绘制色彩效果图
5	施工现场配合	试做样板间，并进行校正和调整

第四节　室内色系分析

一、室内色彩结构

室内色彩虽然由许多细部色彩共同组织而成，但在表现上必须是一个相互和谐的完美整体。从色彩结构角度来说，室内色彩可分三大类（表3-3）。

1. **背景色彩**　一般指室内固定的天花板、墙壁、门窗和地板等建筑外壳的大面积色彩。根据色彩面积原理，这一部分的色彩宜采用彩度较弱的沉静色，使之充分发挥作为背景色彩的烘托作用。

2. **主体色彩**　一般指可以移动的家具等陈设部分的中面积色彩，是表现主要色彩效果的媒介，以采用较为强烈的色彩为原则。

3. **强调色彩**　指最易于变化的摆设品部分的小面积色彩，往往采用最为突出的强烈色彩，以便充分发挥它的强调功效。

表 3-3 　　　　　　　　　　　三类色的应用

内容	特性	所用部位	作用
背景色	高明度、低彩度或中性色	大面积部位，如天花、墙壁、地面	背景烘托作用
主体色	高彩度、中明度、较有分量的色彩	中面积的部位，如家具	体现室内整体
强调色	最突出的颜色	小面积的部位，如陈设品	发挥强调效果

任何色彩，究其来源无非是自然和人工两种。原则上，自然材料的色彩变化无穷，多数具有纯朴或淡雅的感觉，但缺乏鲜艳娇丽的色彩，因而采取自然材料表现室内色彩时，应以追求

含蓄厚实的色彩效果为原则；反之，人工材料的色彩虽然较为有限，但在色相明度和彩度方面皆可自由选择，无论是素淡或鲜艳、温柔或热烈等色调，皆可依照需要充分发挥，但往往显得较为单薄浮浅，远不如自然材料色泽来得厚重沉着。

在实际应用上，一般室内色彩多采用综合材料的表现方式，它可以兼收两者之长而舍两者之短，但在组织上必须善于和谐地处理材质色彩的统一问题。

二、室内色彩计划

1. **单色相计划**　所谓单色相计划，是指根据室内的综合需要，选择一个适宜的色相，以统一整个室内的色彩效果，同时充分发挥其明度与彩度的变化，以取得统一中的微妙节奏。在必要时可适量加入无彩色的配合，使整个色调达到明快（加白），更为柔和（加灰）或较有深度（加黑）的效果。

这种基于统一和谐的色彩计划，最大的特色是易于创造鲜明的室内色彩情感，充满单纯而特殊的色彩味，但必须善于把握色彩基调，不致产生单调、沉闷的缺点。在原则上，这种方式适于小型静态活动空间的应用（图3-13）。

2. **类似色彩计划**　所谓类似色彩计划，是指根据室内综合需要，选择一组适宜的类似色彩，并灵活应用其彩度与明度的配合，使室内产生统一中富于变化的色彩效果。同时，必要时也可适度加入无彩色，使彩色更清新（加白）、柔和（加灰）或厚重（加黑）（图3-14）。

3. **对比色彩计划**

（1）补色计划　是指根据室内综合需要，选择一组适宜的补色对，充分利用其强烈的对比作用，并灵活运用其明度、彩度、色彩面积的调节，使之获得对比鲜明、色彩和谐的感觉。必要时，可以加入无彩色，使强烈的补色关系通过它的过渡作用取得分离或统一的效果（图3-15）。

图3-13　单色调的色彩计划使空间显得平静安宁，容易创造高雅的环境气氛

（2）双重补色计划　是指根据室内的综合需要，选择两组在色环上直接相邻的补色，充分利用其对比和统一的作用，灵活运用其明度、彩度、色彩面积的调节，使其取得双重对比的和谐效果。必要时，同样可以加入无彩色，以增进色彩的统一感。

双重补色是两级类似色的共同对比，其强烈程度较弱，变化性与统一性却大为增加。这种方法富于华丽的效果，但需要把握色彩结构，使其免于繁杂，较适于大型动态活动空间的应用（图3-16）。

总之，室内色彩千变万化，无法用某种固定模式以偏概全，基本的方法固然能保证可靠的效果，而灵活的运用更能创造神奇的境界。

图3-14　一片大红的木雕牡丹花艺术隔断，在沉稳中以极强的存在感让人无法忽略。深色的木质家具，棕黄的软垫，搭配金、银、黑色系的织锦靠垫，恰到好处地调节了整个起居室的色调

图3-15　橙色和蓝色的补色强烈对比冲击，与走廊刀刻般充满力度的界面互为呼应，使环境的空间感受更具有张力

图3-16　墙上装饰画中的蓝色与橙色、沙发的红色与窗帘的绿色，构成了空间的双重补色系统，使空间在矛盾和对抗中取得视觉效果的平衡

第四章
室内装饰材料与装饰构造

第一节　室内装饰材料

一、装饰材料的一般性质

装饰材料是装饰工程的物质基础，室内装饰设计的好坏不完全在于材料价格的高低，还在于设计师对于材料的把握与开发。因此，设计人员一定要掌握常用装饰材料的基本性能，对于各类常用材料的物理化学性质、适用性、安装构造方法等有所了解，才能够在设计时得心应手，不至于出现重大的纰漏，甚至错误。

1. **外观性质**　外观性质只是材料在外表上所表现出来的一些性质，如颜色、光泽（图4-1）、透明性、形状、尺寸等，而质感是上述材料性质综合后给人的感觉，会产生诸如软硬、轻重、粗细、冷暖等感觉。

2. **构造性质**　材料的构造性质是材料的物理和化学性质，它在很大程度上决定了材料的外观性质和应用方式与方法。材料的密度与孔隙率是比较重要的构造性质。材料在空气中与水接触时，会体现出亲水性与憎水性两种与水有关的特性。亲水材料容易被水润湿，憎水性材料的特性正好相反，常被用作防水材料。

3. **力学性质**　选用同种材料或性质相近的材料时，一般需要知道材料的强度，这是材料在外力作用下抵抗破坏的能力。材料表面能够抵抗其他硬物压入或刻划的能力称为硬度。

4. **其他性质**　材料还有一些其他的性质，材料可以传导热量，称为材料的导热性，用导热系数表示。导热系数越小，其绝热性能就越好。但是当材料受潮或受冻后，其导热系数会大大增加。因此，保温隔热材料在使用过程中要保持干燥。材料在使用中，自身的安全性能问题十分重要，耐燃性成为重要的相关性质，它是指材料对火焰和高温的抵抗能力。

二、室内装饰材料的分类

材料的分类有多种方法，可以按照材料的装饰部位分类，也可以按照材料的构成成分来分类。按照材料的构成成分来分类，常用装饰材料可作如下简介。

1. **砖石与混凝土材料**　包括砖、石、混凝土、建筑砂浆等（图4-2）。
2. **金属材料**　包括钢材、铝合金、铸铁铜、铅等。
3. **木材**　包括天然木材、胶合板、饰面防火板、细木工板、刨花板、纤维板等。
4. **人造块材和板材**　包括加气混凝土、加纤维水泥制品、水泥高聚物制品、石膏制品等。

图4-1　不同色泽和肌理的木质地板

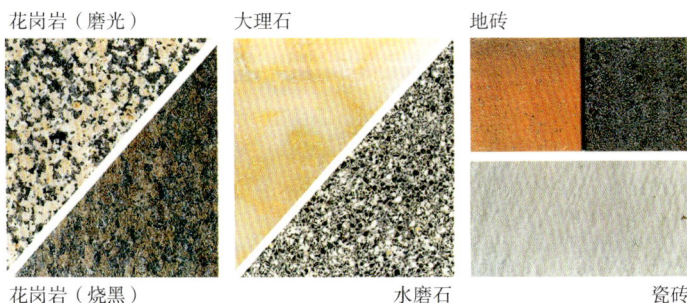

花岗岩（磨光）　　大理石　　地砖

花岗岩（烧黑）　　水磨石　　瓷砖

图4-2　石材图例

5. **玻璃** 包括普通玻璃、中空玻璃、钢化玻璃、夹层玻璃、压花玻璃、乳白玻璃、彩绘玻璃、热反射玻璃、吸热玻璃、玻璃空心砖、电膜玻璃、光敏玻璃等。

6. **塑料** 不易碎裂，加工比较容易，但耐性差、易变形，易产生静电。

7. **常用卷材** 分为防水卷材和饰面卷材。前者包括沥青油毡、改性沥青油毡和高分子卷材等。后者包括地毯、塑料地毡、壁纸和人工草坪等。

8. **涂料** 可分为防水涂料和饰面涂料。

9. **油漆** 工艺上分为"清水"和"混水"两种。

10. **胶结材料** 多为化工产品，不同的胶结材料具有不同的用途，可以粘结木材、玻璃、陶瓷、金属、混凝土等。

三、材料的质感与肌理

（一）质感体现

材料与质感是室内设计中不可缺少的重要元素，常见的材料按其质地可以分成硬质材料与柔软材料，按其加工程度可分成精致材料与粗犷材料，按其种类则可分成天然材料与人工材料。天然材料由于本身具有自然的光泽、色彩、纹理等品质，常可以给人朴实、自然的感觉。在室内环境中，人工材料的数量远远大于天然材料，大部分人工材料均具有机械加工的美感，表面比较光滑、细腻，正确运用人工材料，可以使室内充满理性、优雅和含蓄的气氛。不论是天然材料还是人工材料，都应根据室内空间的整体需要，慎重选择，正确运用，才能和形、色等造型元素一起发挥出重要的作用（图4-3）。

茸毛毯	迥纹毯	绒毯	针织毯
平压毯	麻平织毯	纸	塑胶毯
亚麻	软木砖	藤	木
弹性毛毯	橡胶砖	氯乙烯毯	涂装
瓷砖	石	金属	玻璃

图4-3 不同材料的质感图示

就室内常用材料而言，一般都要求具有一定的耐腐性、耐久性、良好的防火性能、对人体无毒无害、易于安装施工、自重较轻、易于运输、隔热保温、吸声隔声、防水防潮、容易清洁、美观大方等特点。对用于某些界面的材料往往还应具有特殊的要求，例如，地面有防滑要求、顶面与侧面还常有光反射率的要求等。在设计中选择材料的质感时，还应考虑使用空间的大小、光线和观赏距离这三个视觉条件因素。

（二）肌理设计

室内设计装修材料肌理的形式是多种多样的，从纹理的角度看有水平的、垂直的、斜纹的、交错的、曲折的等，拼贴使用时，要特别注意相互关系及肌理线条在空间设计中所起的作用。不同肌理产生不同的质感与表情，粗的肌理具有粗犷、豪放的特性和端庄、稳重的表情特征；中等肌理性格柔和，表情特征丰富、亲近；细的肌理性格细腻，表情精致、华美。环境空间一般不会由单一材料构成，不同肌理的材料通过调和、对比，可以产生各种不同的气氛效果。肌理的设计处理还应该与形体、色彩性格相一致，以达到整体的协调统一。恰当运用材料肌理的这些特性，空间环境的表情才会更加丰富。

四、材料的组织与设计

（一）材料之间的协调性

首先选定一个室内空间的主要用材。材料之间的共性是协调性的前提，设计中，材料的谐调性具有一定的规律。只要色彩、质感、质地、光泽任意一项具有相同之处，就可以进行组合设计，产生协调一致的效果。质地相同，可以体现出材料的共同属性关系。质感相同可体现出感官上更为内在的关系。人们习惯的材料因其长期使用，会觉得符合规律，具有协调性，因此在使用中，会得到心理的认可，反之则产生不协调感，而不被接受。除此之外还要求设计师具有深厚的学识素养和审美趣味，更需要施工、设计的实际操作经验，才能在设计中充分把握材料的谐调性。

（二）材料之间的秩序性

材料的秩序性是和色彩的秩序性相一致的，就是用几种材料建立起一定的秩序关系，最简单的方法是将所用的材料按一定的方向或一定的顺序成等差或等比排列，这是形成秩序的基本条件。其中要注意的是为了明确表示按照等差排列，至少要三种以上的材料，而为了体现等比排列则需要四种以上的不同材料排列，才会出现一定的秩序性。

（三）材料之间的对比性

在材料使用上，要注重其对比关系。设计中不但要合理地运用材料之间的质感对比关系，还要充分运用材料之间的色彩对比，使其搭配得当，对比明确，既和谐统一，又生动活泼。为了达到美的视觉效果，不同材料的科学选用和合理组合，可以充分发挥材料的表现力和创造力，从而起到使设计主题的表现得以增值的作用。实践证明，材料组合效果有以下几个特点。

1. **粗质材料组合** 给人的感觉是粗犷、豪放和刚毅，能产生强烈的冲击力，彰显出阳刚之美。
2. **细质材料组合** 质感弱，无表面质地，而且缺乏变化与表现力，但优点是较易协调。
3. **材料异质组合** 不同粗细的材料进行异质组合，会创造出生动、特异的空间环境效果。
4. **同类材料不同的排列组合** 同类材料按不同的排列方式组合，可产生不同的艺术效果。

五、材料常用的连接方法

选用相同材料或不同材料之间的连接方式有一定的原则。所选择的连接方式要能够充分发挥材料的性能，使之连接时受力合理，不会发生损坏。设计连接方式时还要使其具有方便施工的可能性，并能达到最终需要的饰面效果，同时还满足安全性与适用性。

　　木材的连接方式有榫接、胶接等（图4-4）；玻璃之间的连接一般是胶接，也可利用其他构件相互连接（图4-5）；砖石类的砌体材料通常是用砌筑砂浆进行黏结（图4-6）；钢构件的连接方式较多，有拴接、焊接、铆接、套接、结点球连接等（图4-7）；钢筋混凝土构件的连接一般是进行现场浇注连接，有时也采用节点板连接（图4-8）；钢构件与钢筋混凝土构件的连接也有多种方式，如开脚锚固、钢构件与预埋节点板焊接、膨胀螺栓拴接等（图4-9）。

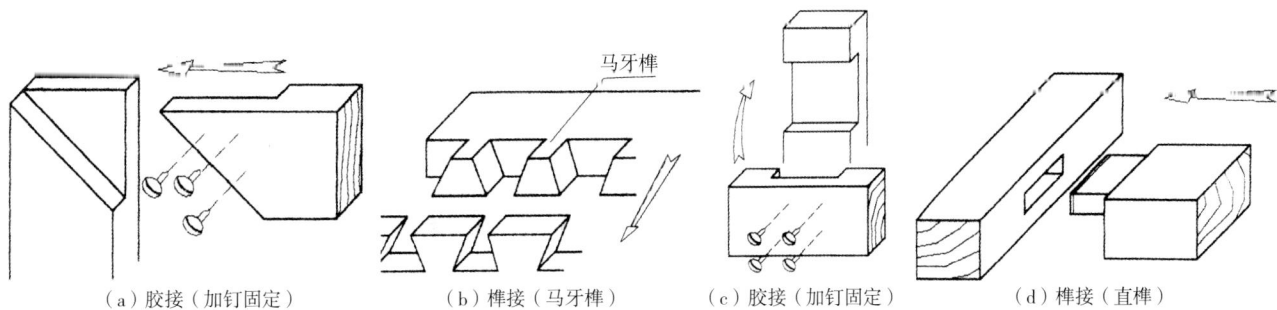

（a）胶接（加钉固定）　　（b）榫接（马牙榫）　　（c）胶接（加钉固定）　　（d）榫接（直榫）

图 4-4　木构件连接图示

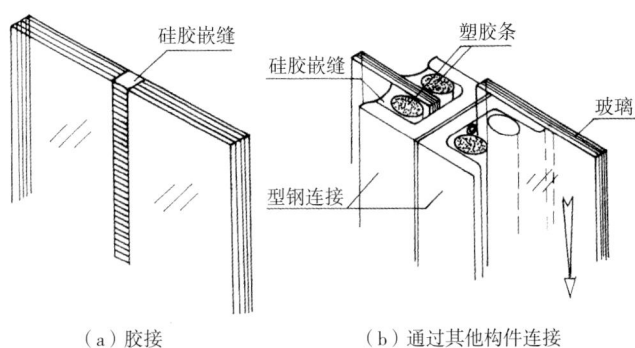

（a）胶接　　　　　（b）通过其他构件连接

图 4-5　玻璃构件连接图示

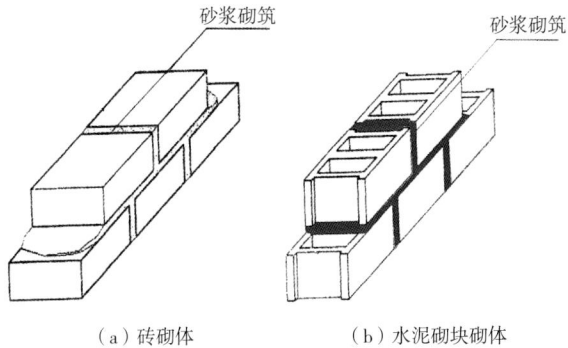

（a）砖砌体　　　　（b）水泥砌块砌体

图 4-6　砌体材料连接图示

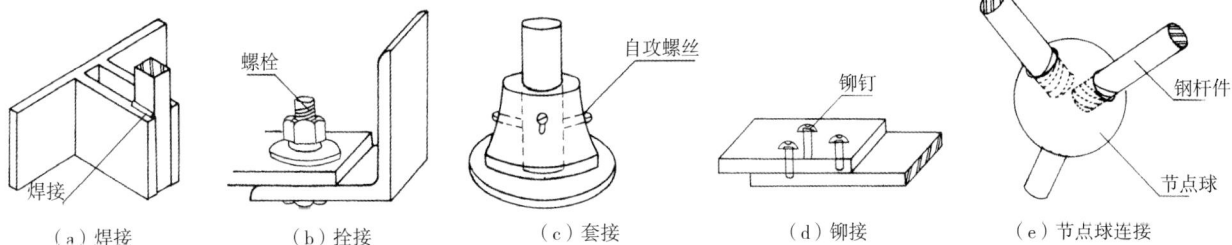

（a）焊接　　（b）拴接　　（c）套接　　（d）铆接　　（e）节点球连接

图 4-7　钢构件连接图示

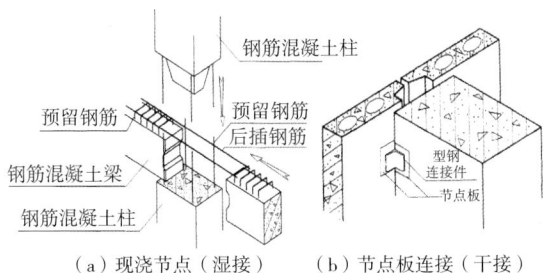

（a）现浇节点（湿接）　　（b）节点板连接（干接）

图 4-8　钢筋混凝土钢筋连接图示

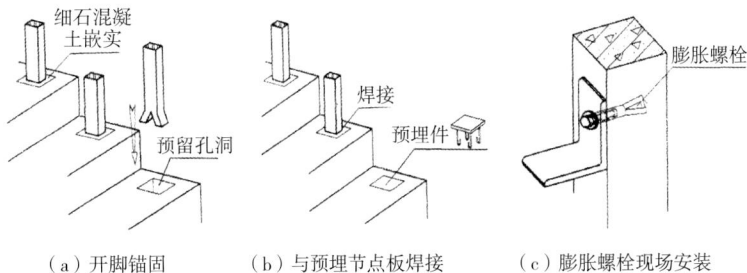

（a）开脚锚固　　（b）与预埋节点板焊接　　（c）膨胀螺栓现场安装

图 4-9　钢构件与钢筋混凝土构件的连接图示

六、材料的选择

室内设计的形象带给人的视觉和触觉的感受，在很大程度上取决于装饰所选用的材料。全面综合地考虑不同材料的不同特性，并巧妙地对各种材质加以运用，就可较好地完成室内设计的装修任务。

（一）材料选择基本原则

1. **符合室内环境保护的要求**　室内装饰材料都要用在室内，所以材料的放射性、挥发性要格外注意，以免对人体造成伤害。

2. **应符合装饰功能的要求**　石材在家庭装修中一般用于入口玄关及客厅；卧室等区域可选用木地板；厨房、洗手间、阳台等区域，可选用地砖、墙砖、通体砖等材料，其优点是便于清理。

3. **应符合整体设计思想**　只有在总体设计思路确定之下，设计师才可能做出符合使用者意愿的设计，购买材料时才能选择满意的装饰材料。

4. **应符合经济条件**　主要考虑一次性投资能力，购买自己预算所能支付范围内的理想材料。

（二）材料的使用功能与审美需求

1. **满足使用功能**　根据建筑物和各个空间的不同使用性质来选定装饰材料。如用于卫生间的装饰材料应防水、易清洁；厨房的材料则要求易擦洗、耐脏、防火；用于起居室地面的材料则应耐磨、隔声等。

2. **符合审美的要求**　装饰材料的选择搭配必须满足装饰美化的要求，符合人们的审美情趣。要达到这一目的，应该恰当地选择和匹配装饰材料的质感、线型和色彩。在质感选择上要注意的是，一般室内装饰用材料的质感要细腻光洁，这是因为人与室内饰面的距离比较近，相反，外饰面的材料质感则可以粗犷厚重一些。用于卧室、会客室饰面的材料质感可以柔软一些，如壁纸、地毯、木地板等，使人感觉温暖亲切。对于材料的线型图案选择，比较小的空间中，材料的图案可以选用小型的、线条细的；而空间较大的房间里，饰面图案可以大些，线型粗些，体现以小见小、以大见大的原则。

第二节　室内装饰构造

室内装饰构造是使用建筑装饰材料及其制品对建筑物的内表面进行装饰的构造做法。

一、室内装饰构造的作用

室内装饰构造设计是进行室内设计的一个重要步骤，设计中所绘制的平、立、剖面图一般所反映的是室内空间的组合情况及工程结束后的整体式样，倾向于表达"表象"的内容。但是对于这些实体形式是如何构成的、细部如何处理、是否能够进行实际操作等问题，都必须通过构造设计来解决。同时，还要将其绘制成详图进行表达。可以说，室内装饰构造是将抽象的概念转化为现实的过程和技术手段。

一般来说，一个设计进行到施工图阶段才进行大量有关构造部分的绘制，即递交建筑详图。但是在此之前的方案设计和扩展阶段都要考虑构造做法，许多设计细部的构成方式、尺度掌控、材料选用、施工方法等诸多构造方面的内容，都会对整体的设计起到至关重要的作用，有时一个绝佳的创意甚至就来源于对某个局部构造的研究。在室内环境的实际设计、施工及使用过程中，如果构造设计处理不当，会严重影响室内的美观和使用，造成后期维护的困难，甚至会带来安全隐患。

二、影响室内装饰构造的因素

室内装饰构造的设计并非能够完全按照设计者的意图来进行，因为在实际操作过程中存在一些客观因素，制约着设计者的工作。

1. **环境的影响** 环境的因素包括自然环境与人工环境两个方面。自然环境包括各种自然地理环境、自然气候环境与自然现象等，在进行室内构造设计时，必须注意自然环境因素的影响，充分利用有利的自然条件，有效解决各类可能出现的问题。人类在长期的生产实践和社会实践过程中，营造了庞大的人工环境系统，大多数人日常的生活和生产几乎都是在人工环境下进行的，对于人工环境的不断变化带来的问题，可以进行被动的设计来解决，更重要的是在设计中主动加强环保意识，促进整个系统的良性循环。

2. **使用功能的要求** 室内设计是为人服务的，设计要处处考虑到使用者的方便、舒适和安全。这些都离不开构造设计的周到、合理和细致。特别是许多细部的处理要有适合的尺度，所选用材料的色彩和质感应符合所在室内场所的特定要求，同时要充分考虑人类工程学的原则。

3. **装饰材料的影响** 室内构造设计很大程度上就是将各种装饰材料通过一定的方法进行组合。因此，材料对于构造和装饰效果的影响是非常巨大的。

（1）材料的特性不同，其构造方式也不相同。材料会由于产地、来源及对使用条件的适应性的不同而产生不同的表现形式；材料的各种性质会随技术发展及人类认识的变化而产生相应的巨大变化；此外，材料的安全性也是要非常认真对待的因素之一。

（2）经济因素的影响。进行各种室内设计和构造设计时，都不能不考虑经济因素，设计师应该了解各种材料与装修方法的造价，以便在设计过程中能够进行合理的选用与设计。同时，对于新的加工方法和施工工艺的开发，也要综合考虑其经济效益。

三、室内装饰构造的基本原则

1. **遵守现行的设计法规和规范** 法规和规范是针对行业中的普遍情况制定的最基本的要求和标准。

2. **功能性原则** 进行装饰构造设计时，要尽量满足使用者的需要，符合该空间的各种功能特性和要求：保护建筑的结构和构件，延长建筑本身的使用寿命；改善室内的环境，方便生活、工作等方面的使用要求；改善室内墙体、楼地面的热工性能；改善室内的光学性能和声学性能等。

3. **可行性原则** 构造设计必须考虑施工的可行性，力求施工方便，加工容易，符合各种实际条件。

4. **可持续性原则** 设计时应该综合考虑其在建造施工与长期使用过程中所涉及的环保、节能、可重复使用等重要问题。

四、顶棚装饰构造

（一）顶棚装饰构造的设计原则

1. **满足基本的功能要求** 保护室内空间原有顶面，并可以遮蔽一些管线设备，起到整洁、延长屋顶及设备使用寿命的作用。

2. **顶棚装饰构造必须保证安全** 顶棚装饰层除了本身的结构构架和面层外，内部还会铺设各类管道，有时还需要有人在顶棚上检修，所以顶棚的安全性至关重要。

3. **满足建筑的物理要求** 顶棚装饰可以改善房间顶面的热工、声学、光学等性能。

4. **与设备层的配合** 许多建筑设备，如空调风口、喷淋、灯具等都直接安装在顶棚上，因此顶棚的设计要充分考虑这些因素。

5. **装饰效果** 顶棚装饰还应当达到、符合室内装饰的整体设计风格。

（二）顶棚装饰构造的形式

顶棚装饰可以有不同的分类方法，按构造层显露状况可分为开敞式和隐蔽式；按面层与龙骨的关系可分为固定式和活动装配式；按承受荷载大小可分为上人顶棚和不上人顶棚；按施工方法可分为抹灰涂刷类、裱糊类、贴面类、装配式等；按装修饰面与结构基层的关系可分为直接式与悬吊式。

（三）顶棚装饰构造方法

除直接式顶棚是将房间上部的屋面或楼面的结构底部直接进行抹灰或裱糊、粘贴处理外，其他顶棚基本都是由悬吊、龙骨和饰面层组成。这几个部分都有各自不同的做法，在不同的环境和条件下，可以对这几个部分综合考虑，得出比较适宜的构造方法。

悬吊，或者叫悬索、吊筋，是将顶棚与屋顶进行连接的构件，根据条件的不同有多种安装方法（图4-10）。

龙骨是连接悬吊与饰面层的关键部分。龙骨较为常见的是轻钢龙骨，还有少数设计使用木龙骨（图4-11）。悬吊与龙骨可以钉接、挂接、胶接等。为使面层荷载施加后大面平整，一般龙骨安装时中间要起拱，如金属龙骨起拱高度不小于房间短边的1/200。饰面层安装在龙骨上，形式和材料都较多（图4-12）。

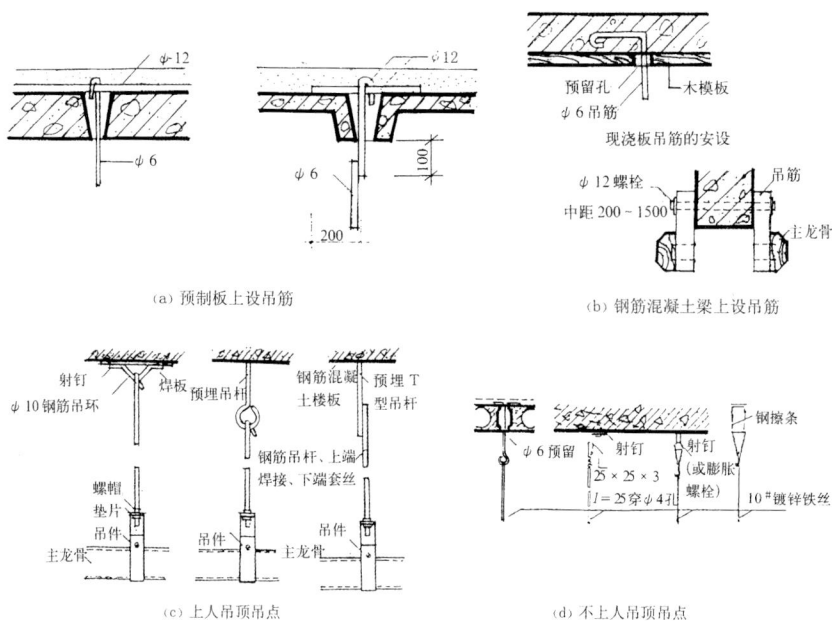

图4-10 顶棚悬吊安装方法

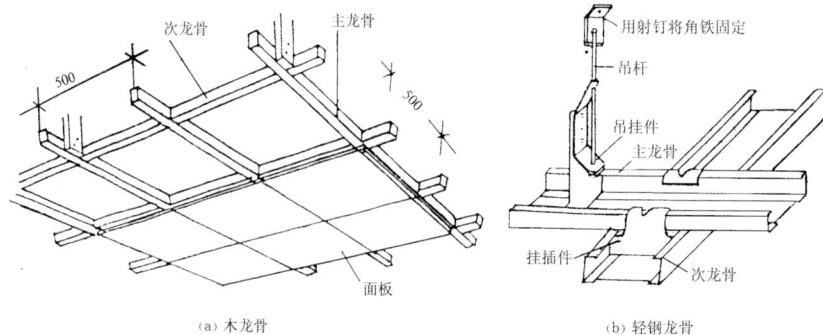

图4-11 木龙骨和轻钢龙骨

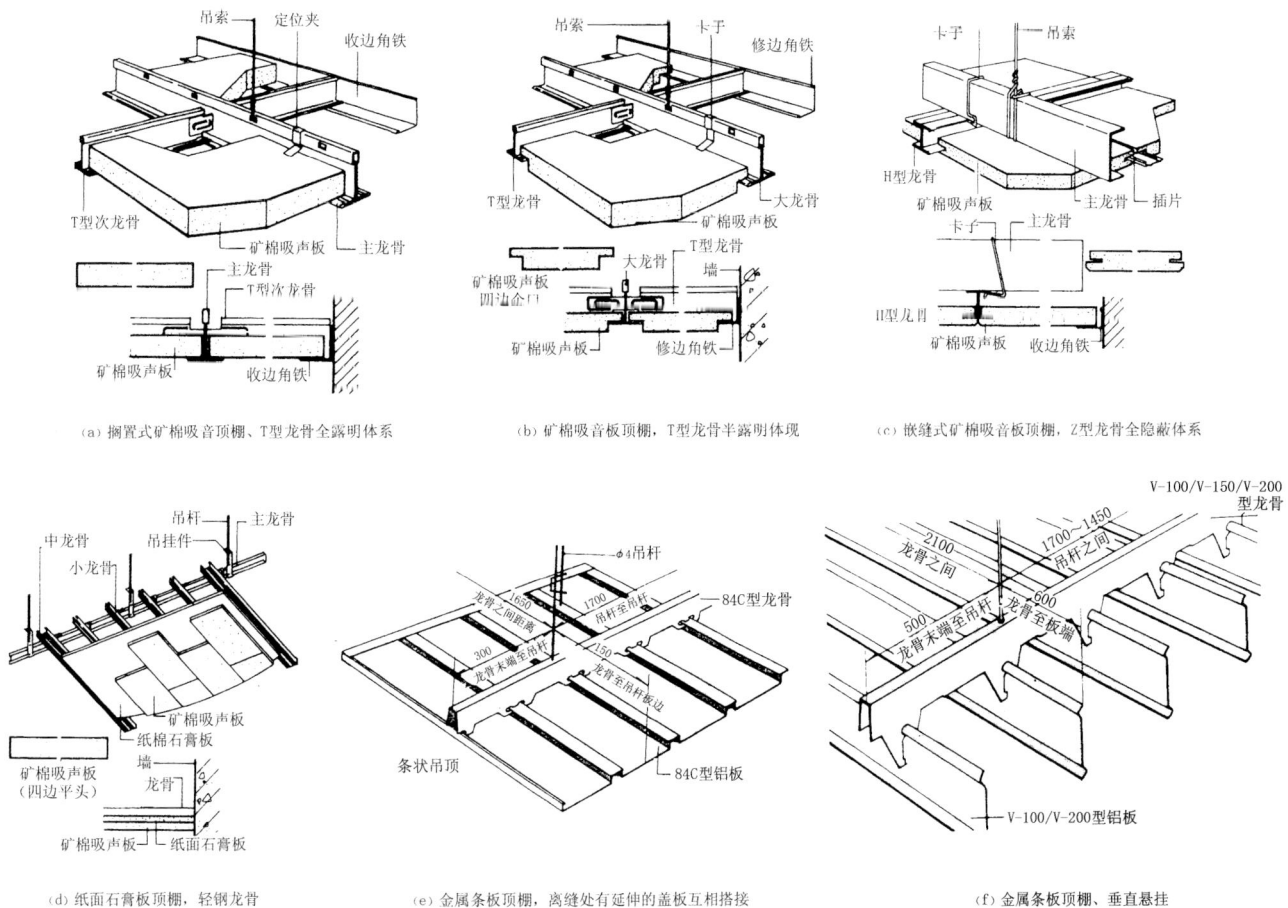

(a) 搁置式矿棉吸音顶棚、T型龙骨全露明体系   (b) 矿棉吸音板顶棚，T型龙骨半露明体现   (c) 嵌缝式矿棉吸音板顶棚，Z型龙骨全隐蔽体系

(d) 纸面石膏板顶棚，轻钢龙骨   (e) 金属条板顶棚，离缝处有延伸的盖板互相搭接   (f) 金属条板顶棚、垂直悬挂

图4-12　常见顶棚面层做法图示

五、楼地面装饰构造

（一）楼地面装饰构造的设计原则

（1）楼地面装饰构造要满足一些基本的功能要求：楼地面表面应该平整光洁，具有一定的防潮、耐磨、抗腐蚀、防渗漏的性能；要满足一定的隔声、吸声要求；要达到建筑的热工性能要求；有时还要具有一定的弹性要求及其他防水、防静电等特殊的要求。

（2）楼地面装饰构造还要具有装饰功能要求，与整体室内空间的布局、风格相一致（图4-13～图4-15）。

（二）楼地面装饰构造的形式

楼地面的构造形式一般可分为整体式地面、块材式地面和木地板地面。其中木地板地面又可分为直铺式、架空式和实铺式等几种。

（三）楼地面装饰构造方法

整体式地面是由基层、结合层和面层按照由下到上的顺序逐层铺设的。基层承受其上面的全部荷载，结合层位于基层与面层之间，起到传承荷载、固定面层的作用，一般由多个层次构成。整体式的面层是直接在结合层上现浇出地面。块材式地面的层次与整体式极为相似，只是面层是预制的块材材料。

木地板地面的面层是进行涂漆打蜡的木板，而在基层上还要铺设木龙骨。木地板地面的形式较多，但基本的做法是相近似的（图4-16～图4-19）。

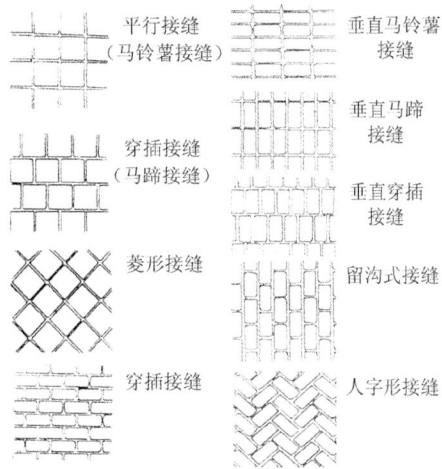

图 4-13 地面铺装接缝图示

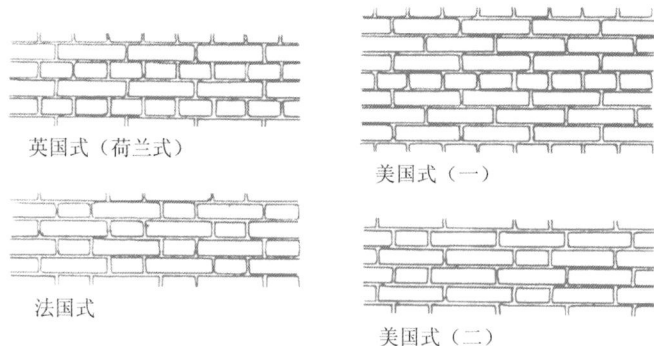

平行接缝
（马铃薯接缝）

穿插接缝
（马蹄接缝）

菱形接缝

穿插接缝

垂直马铃薯
接缝

垂直马蹄
接缝

垂直穿插
接缝

留沟式接缝

人字形接缝

图 4-14 地面砖铺图形

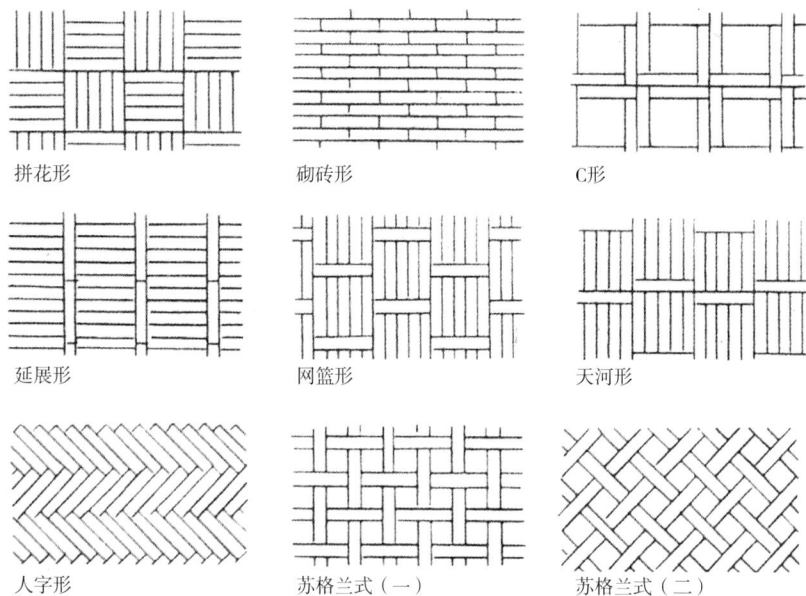

英国式（荷兰式）

美国式（一）

法国式

美国式（二）

拼花形

砌砖形

C 形

延展形

网篮形

天河形

人字形

苏格兰式（一）

苏格兰式（二）

图 4-15 马赛克拼花图示

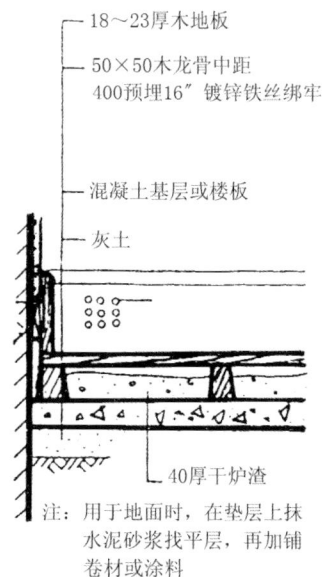

18～23 厚木地板

50×50 木龙骨中距
400 预埋 16″镀锌铁丝绑牢

混凝土基层或楼板

灰土

40 厚干炉渣

注：用于地面时，在垫层上抹
水泥砂浆找平层，再加铺
卷材或涂料

图 4-16 木地板地面铺装图示

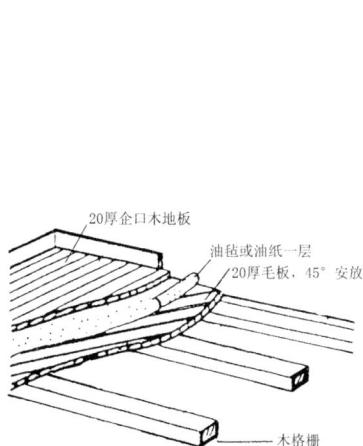

硬木地面面层
油毡
基层材料

靠墙钢弓

钢制弹簧
橡皮垫

安钢弓示意

50×70 木龙骨
成型橡皮垫圈

安橡皮垫示意

20 厚企口木地板

油毡或油纸一层

20 厚毛板，45°安放

木格栅

图 4-17 双层木地板安装图示

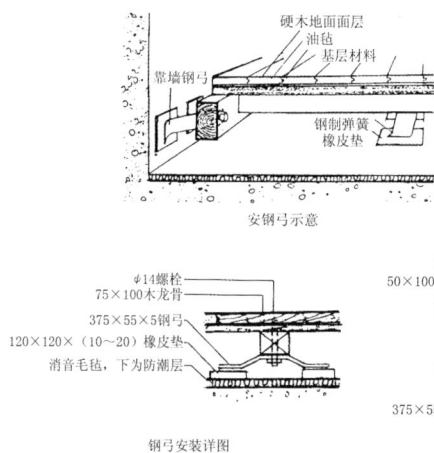

φ14 螺栓
75×100 木龙骨
375×55×5 钢弓
120×120×（10～20）橡皮垫
消音毛毡，下为防潮层

50×100 沿墙龙骨

375×55×5 沿墙钢弓

钢弓安装详图

靠墙节点

图 4-18 钢弓弹簧木地板安装图示

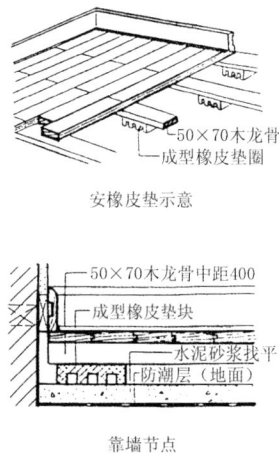

50×70 木龙骨中距 400
成型橡皮垫块
水泥砂浆找平
防潮层（地面）

靠墙节点

图 4-19 橡皮垫弹簧木地板安装图示

六、墙面构造与装修方法

（一）墙面装饰构造的设计原则

（1）室内墙面通过各种装饰方式，能够提高墙体抵御多种损害的能力，延长了墙体的使用寿命。

（2）通过对墙体进行饰面和构造处理，可以改善墙体的热工性能，创造良好的建筑环境。

（二）墙面装饰构造的形式

对于墙体的装饰构造处理，通常有这些做法：抹灰、贴面、饰面板、卷材、涂刷等。

（二）墙面装饰构造方法

抹灰类装饰的构造做法其实与整体式楼地面的做法很接近，都是在基层上涂覆结合层，再做面层处理，只是墙面结合层要薄于地面上的结合层。抹灰的面层处理有多种方式，可以通过不同的材料、涂抹手法和工具来实现（图4-20、图4-21）。

贴面构造方式中面砖的铺贴方法与块材式地面的构造方式较为相似，仅结合层略薄。但是贴面中的石材饰面做法却不太一样。石材较重，不能直接粘贴在结合层上，一般用"挂"的方式来处理（图4-22～图4-24）。

饰面板构造方式是在基层找平后，铺设龙骨，也叫墙筋，再在上面铺设面层。根据面层材料不同，可以分为木板、软包、玻璃、金属等类别。通常的做法以木板和软包为主（图4-25～图4-28）。

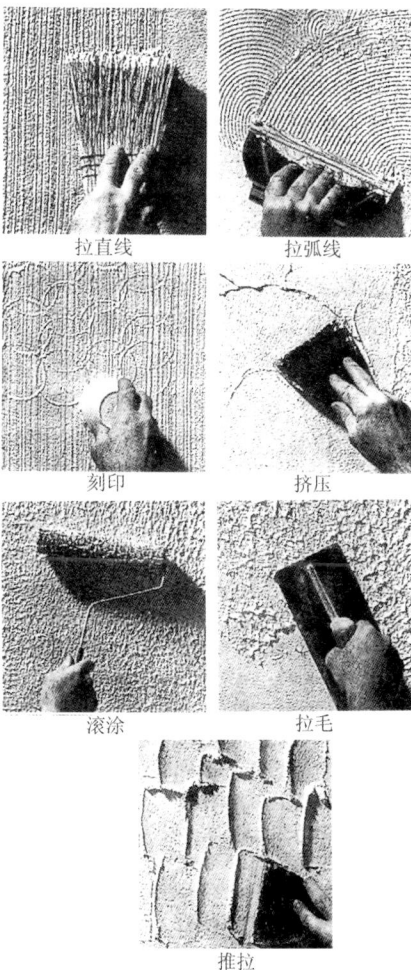

拉直线　　　拉弧线

刻印　　　挤压

滚涂　　　拉毛

推拉

图4-20　抹灰层的不同做法图示

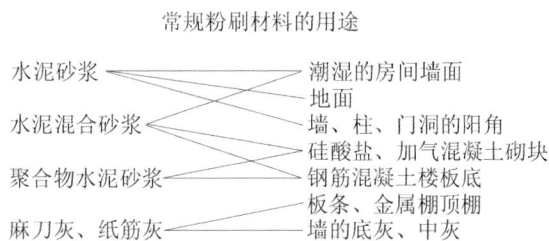

常规粉刷材料的用途

水泥砂浆 —— 潮湿的房间墙面
　　　　　　　地面
水泥混合砂浆 —— 墙、柱、门洞的阳角
　　　　　　　硅酸盐、加气混凝土砌块
聚合物水泥砂浆 —— 钢筋混凝土楼板底
　　　　　　　板条、金属棚顶棚
麻刀灰、纸筋灰 —— 墙的底灰、中灰

图4-21　常规粉刷材料的用途

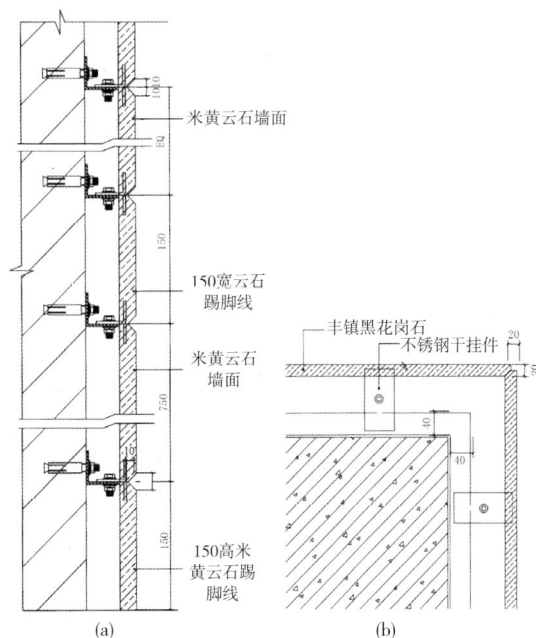

米黄云石墙面

150宽云石踢脚线

米黄云石墙面

丰镇黑花岗石
不锈钢干挂件

150高米黄云石踢脚线

（a）　　　（b）

图4-22　石材干挂图例

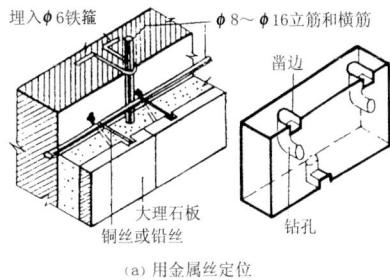

(a) 用金属丝定位

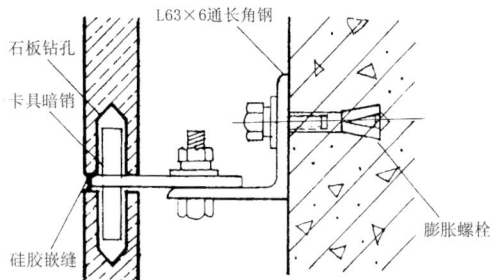

(b) 用卡具及螺栓定位

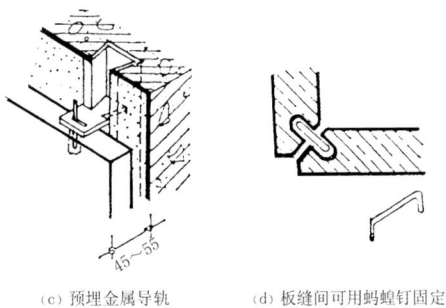

(c) 预埋金属导轨　　(d) 板缝间可用蚂蝗钉固定

图 4-23　石材挂装图示

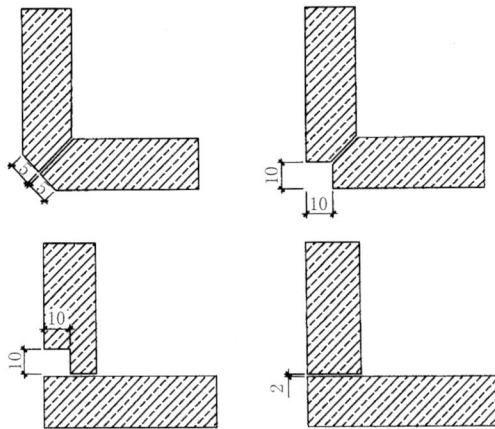

图 4-24　石材阳角处理图示

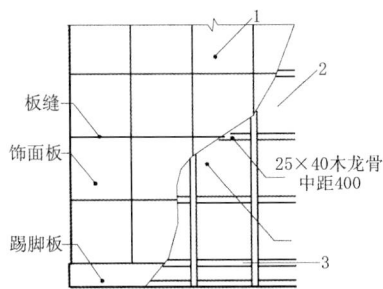

图 4-25　木墙面分层图示

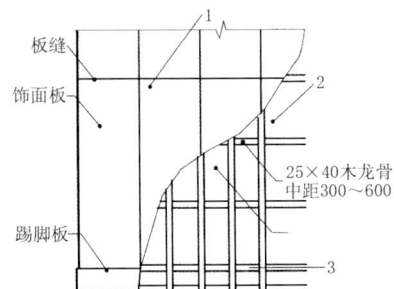

图 4-26　木墙裙做法图示

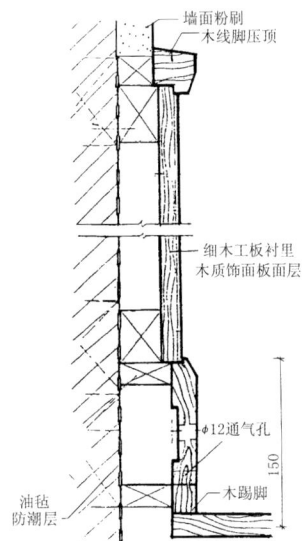

图 4-27　踢脚板做法图示

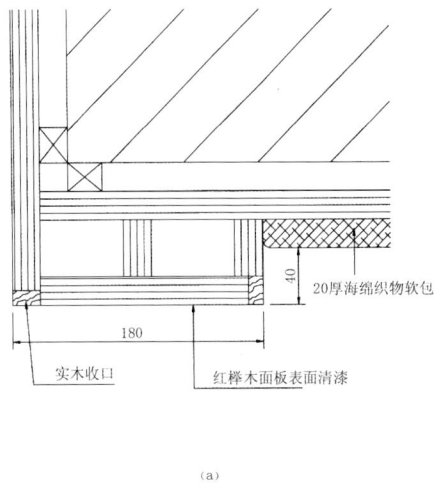

(a)

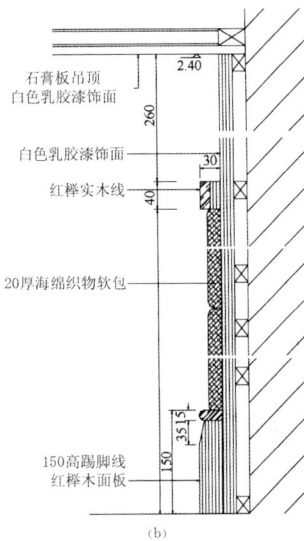

(b)

图 4-28　软包墙面做法图示

第五章

生态室内环境的设计

第一节　生态室内环境概述

一、生态与室内环境

生态学（Ecology）最初由德国生物学家赫克尔（Ernst Heinrich Haeckel）于1869年提出：研究有机体及其环境之间相互关系的科学。他指出："我们可以把生态学理解为关于有机体与周围外部世界的关系的一般学科，外部世界是广义的生存条件。"

生态学认为自然界的任何一部分区域都是一个有机的统一体，即生态系统（Ecosystem）。生态系统是一定空间内生物和非生物成分通过物质的循环、能量的流动和信息的交换而相互作用、相互依存所构成的生态学功能单元。生态系统包括生命和非生命两部分，非生命部分主要指空气、土壤、水等生物生存环境；生命部分则又可分为三类：生产者——植物；消费者——以动物为主，当然包括人类；分解者——细菌和真菌。生态系统具有自动调节恢复稳定状态的能力，达到能量流动和物质流动的动态平衡，即生态平衡。但是，生态系统的调节能力是有限度的，如果超过了这个限度，生态系统就无法调节到生态平衡状态，系统就会走向破坏和解体。

所谓生态建筑学是立足于生态学思想和原理上的建筑规划设计理论和方法，概括地说是用生态学的原理和方法，将建筑室内外环境作为一个有机的、具有结构和功能的整体系统来看待，以人、建筑、自然和社会协调发展为目标，有节制地利用和改造自然，寻求最适合人类生存和发展的符合生态观的建筑室内外环境。

生态室内环境设计是一种可持续发展的设计，主要包括"灵活高效""健康舒适""节约能源""保护环境"四个主要内容，环境要素成为生态室内设计的核心问题。以保护环境为己任的室内环境设计，必须将环境意识贯穿于整个设计的全过程。

二、生态室内环境特征

（一）系统整体性

1. 室内环境与建筑的整体关系　作为建筑重要组成部分的室内环境，与建筑本身之间、与自然环境之间，以及室内诸要素之间都是一种相辅相成的整体关系，永远都是设计师应该重点考虑的内容。要做到坚持建筑与室内的一体化设计，即从建筑设计开始，建筑师就应该充分考虑今后建筑的使用要求，室内设计师一开始就应该加入设计的行列，参与到建筑设计的工作中来。

2. 室内环境与自然环境的整体关系　符合生态原则的室内环境设计必须处理好室内与自然环境之间的关系，生态室内环境设计的主要着眼点有两方面，一是为使用者创造、提供有益健康的室内生活环境；二是保护环境，减少消耗。然而在现实当中，这两者之间存在一定的矛盾，人们为了追求高质量的人工生活环境而向自然索取并大量消耗自然资源，这种只有索取没有回报的做法给自然造成了无法弥补的损失，最终将会给人类自身带来损害。因此生态室内环境设计应该在节能、环保等方面进行周密的考虑（图5-1）。

3. 室内环境诸要素之间的整体关系　符合生态原则的室内环境设计同时也十分关注室内物理因素对人身体的物理影响，如家具、陈设的人体工学特征、室内空气品质、室内照明条件、室内防噪性能、室内温湿度等，而影响这些指标的因素是相互关联、极其复杂的，室内整体环境是所有这些因素协同作用的结果，任何割裂其相互关系的做法都是不可取的，都会将室内环境设计引入可怕的误区。

（二）生态有机性

按照生态学的原则，建筑与室内共同成为一个有机的生命体，建筑的外壳是生命体的皮肤，建筑的结构是支撑的骨骼，而室内所包容的一切则是生命体的内脏。建筑只有在这三者的协同作用下才能保持生机，健康地成长。

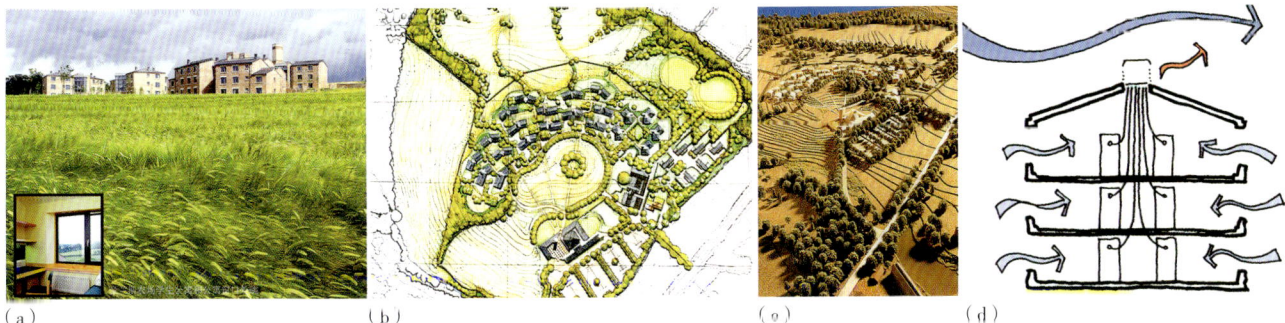

（a）　　　　　　　　　　（b）　　　　　　　　　　（c）　　　　　　（d）

图 5-1　英国的豪兰斯农场学生公寓是用设计家庭住宅的理念来设计建造的。8幢学生公寓和一个由原来的粮仓改建的公共建筑，在开阔的郊外依地势而建，从室内可以看到辽阔的草地，并且以太阳能为主要供能来源。而通风系统的设计极具特色，通风塔是自然通风系统的进出口，每个塔都在内部竖直分成两个风道，一个风道抽进空气，并通过一组管道将空气送到下面；另一组管道则将废气送回通风塔里，通过另一个风道排出

（三）界面的封闭性和系统调控的人为性

　　建筑室内环境一般是由建筑的封闭外壳围合而成的，因此与其他生态子系统相比，它具有更强的封闭性，由于建筑室内环境界面的相对封闭性，以及室内环境中人工因素所占的比重比在自然环境中要高得多，因而也使室内生态系统成为一个不完全的生态系统，其自身无法完成能流和物流的循环，自调能力是有限的，必须借助人工来维持平衡，但这也同时提高了系统的可控性，我们可以借助于现代科技的力量，创造出一个既接近自然，又符合健康、舒适要求的人类生活与工作的天堂（图5-2）。

（a）

（b）　　　　　　　　　　　　　　　　　　（c）

图 5-2　德国小城Herne-Sodingen的蒙特·塞尼斯培训中心。设计的出发点是建立一个"微型气候的封闭体"，这种封闭体能够使温和的气候在小范围内实现，内部无雨、无风，利于社会活动。该中心包括会议设施、图书馆、体育场及娱乐设施。其外形如同一个晶莹的宫殿，结构部件可预制，12600平方米的顶部安装了8400平方米的光电板，这相对于一个1000kW的太阳能发电站，且作云状分布，起到云层的遮阳效果。同时使用大量的松木和保温材料，以平衡昼夜温差

（四）微观性及与人的亲近性

在整个生态系统中，建筑室内环境虽然处于微观层次，然而却是与人类关系最为密切的一环，因此生态室内环境设计在充分考虑其对环境的影响时，更应该考虑对人的关怀，真正做到"以人为本"。

（五）使用的动态性

1. 使用对象的动态性 建筑室内的使用对象永远处于动态的状况，建筑室内包含的人数、人的感觉等永远都是一个变数，由此而导致的对室内环境的反作用也就同样是一个变数。

2. 使用需求的动态性 随着社会生活节奏的加快，建筑室内的使用性质也会随时发生变化，室内的使用性质变了，室内的一切也就必须随之而改变，这样才能符合新功能的要求。

（六）生态审美性

生态建筑的室内环境设计必须遵循人类普遍的美学原理，为人们提供视觉的愉悦和精神上的享受，但除此之外它还必须顾及人类以外的一切生物的生存与发展权利，顾及整个自然环境的可持续发展，因此生态建筑美学就是能够充分体现关乎生态秩序和建筑空间的多维关系的一种新的、综合的功能主义美学。

（七）设计的开放性——公众参与

生态建筑的室内环境应该能够满足人们尽可能多的需要，其设计应该是综合了大多数人的智慧的结晶，由公众参与的开放性设计方法是达到这一要求的有效途径，同时这也对设计师的职业道德与业务素质提出了更高的要求。

三、影响生态室内环境的相关因素

（一）自然因素

当地的自然条件对室内环境的形成及质量的好坏有着直接的影响，因此也是室内环境设计中考虑生态因素的最基本依据之一。这些自然因素包括地理因素、气候因素、场地条件等（图5-3）。

（二）建筑自身因素

建筑室内环境是由建筑外壳和结构的关系而形成的，因此，建筑本身的总体形态、平面布局、剖面形式、结构选型，乃至一个小小的构件、一处细微的节点都有可能影响室内环境的生态特性。

（三）室内物理因素

建筑室内的通风、采光、日照、温度、湿度、噪声等因素，直接构成了室内的物理环境，是体现室内环境健康性和舒适度的重要指标，这些指标能否达到相关的健康和舒适要求，是衡量室内环境生态质量高低的重要参考依据（图5-4）。

（四）人的因素

使用者的个体情况也与室内环境设计有着直接的联系，使用者的生理特征、心理习惯等都直接影响着室内环境的具体使用方式，健康舒适的生态室内环境必须满足人的生理、心理方面的要求。

（五）社会因素

1. 法律与伦理道德 生态建筑学体现了一种全新的建筑观，它不是一种风格、流派或技术上的创新，而是一种建筑思想和伦理上的革命，除了以现代科学作为其强大的技术后盾，还必须依靠广大民众和设计师的自觉，以及国家法律机器的强制规范。

2. 文化传统与地方性 随着世界全球化发展趋势的加快，全球文化趋同的现象也越来越明

干阑式民居中的高干阑

干阑式民居中的矮干阑

（a）　　　　　　　　　　　　　　　　　　　　　（b）

图 5-3　云南、贵州等地的干阑式民居，这种建筑的产生是与当地的地理、气候和环境相适应的，火塘是室内空间的活动中心场所，干阑式民居的结构特点是可以防潮和通风，而且结构简单，不需要挖地基，不需要砌墙体，主要材料是木材，在当地极易获取

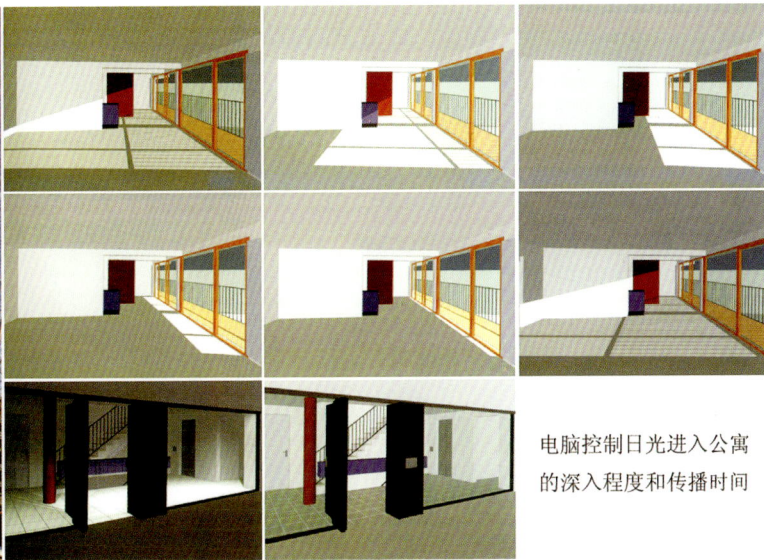

电脑控制日光进入公寓
的深入程度和传播时间

（a）　　　　　　　　　　　　　　　（b）

图 5-4　德国柏林的马尔占低耗能公寓大楼。建筑阳面连续阳台的突出部分可以遮阳，突出的宽度受电脑控制可调节，根据不同的季节控制阳光进入公寓的深入程度和传播时间，以达到令人舒适的室内温度

显，对建筑与室内设计的影响也越来越大，但"只有民族的才是世界的"，必须充分尊重各地的文化传统与地域特性，使建筑与室内环境在现代化的同时，保持其多样性。

（六）经济因素

生态建筑与室内环境的理论与实践必须具有经济上的可行性，才能被人们所广泛接受。当然，生态建筑与室内环境的实践必定会带来良好的经济效益，但这种效益很可能要过很长的时间才能体现出来，也有可能在局部工程中根本不会显示出来（但却由此而带来了总体效益的提高）。因此，对生态建筑与室内环境经济效益的评判，不能仅以局部利益和近期利益为依据，而是应该从总体的、长远的眼光来看待。

四、生态室内环境设计原则

（一）3F原则

1. Fit for the nature 适应自然，即与环境协调原则　从狭义上讲，与环境协调原则强调了建筑室内与周围自然环境之间的整体协调关系。从广义上讲，与环境协调的原则还强调了建筑室内环境与地球整体的自然生态环境之间的协调关系。

2. **Fit for the people 适于人的需求，即"以人为本"的设计原则** 人类营造建筑的根本目的就是要为自己提供符合特定需求的生活环境。作为与人类关系最为密切，为人类每日起居、生活、工作提供最直接场所的微观环境——室内环境，其品质直接关系到人们的生活质量，生态室内环境设计在注重环境的同时，还应给使用者以足够的关心，认真研究与人的心理特征和人的行为相适应的室内空间环境特点及其设计手法，以满足人们的需求。当然，"以人为本"并不等于"以人为绝对中心"，也不代表人的利益高于一切，必须是适度的、是在尊重自然原则制约下的"以人为本"。

3. **Fit for the time 适应时代的发展，即动态发展原则** 室内环境中的诸要素始终处于一种动态的变化过程，不只是室内的物理环境会随着四季的更迭及各种因素的变化而变化，而且随着时间的推移，建筑内部的各部分功能也可能发生很大的变化。另外室内使用者的情况也始终处于变化之中，这就要求生态室内环境设计应该具有较大的灵活性，以适应这些动态的变化（图5-5）。

（二）5R原则

1. **Revalue原则** Revalue意为"再评价"，引申为"再思考""再认识"。长期以来，人类不惜以牺牲有限的地球资源、破坏地球生态环境为代价，疯狂地进行各种人类活动，从而导致了人类自身生存环境的破坏，尽管现代建筑对此进行了拨乱反正，但在对建筑的实际评判过程中，人们往往会对建筑的"艺术"部分给予更多的关注，至于建筑对于环境、对于整个地球生态的影响，还是很少有人过问。只有更新观念，以可持续发展的思想对建筑和室内设计"再思考""再认识"，才能真正认清方向，重新找到准确的设计切入点。

2. **Renew原则** Renew有"更新""改造"之意。充分利用现有质量较好的建筑，通过一定程度的改造后加以利用，满足新的需求，将可以大大减少资源和能量的消耗，有利于环境的保护。

3. **Reduce原则** Reduce原意为"减少""降低"，在生态建筑中，则有三重含义，即减少对资源的消耗、减少对环境的破坏和减少对人体的不良影响（图5-6）。

4. **Reuse原则** Reuse有"重新使用""再利用"等含义。在生态建筑中，是指重新利用一切可以利用的旧材料、旧构配件、旧设备、旧家具等，以做到物尽其用，减少消耗，维护生态环境（图5-7）。

5. **Recycle原则** Recycle有"回收利用""循环利用"之意。这里是指根据生态系统中物

图5-5 考虑动态发展的住宅平面，（a）近期为三套一室一厅，（b）远期为两套二室一厅

（a）

（b）

图 5-6　新加坡管理大学校园建筑，无论在建筑的下方还是中间，都可以见到自然景色，设计师用了许多新加坡传统的建筑元素，像遮光树、窄林荫道和避光岛来缓解当地日射过强的特点，使室内环境变得更加舒适宜人

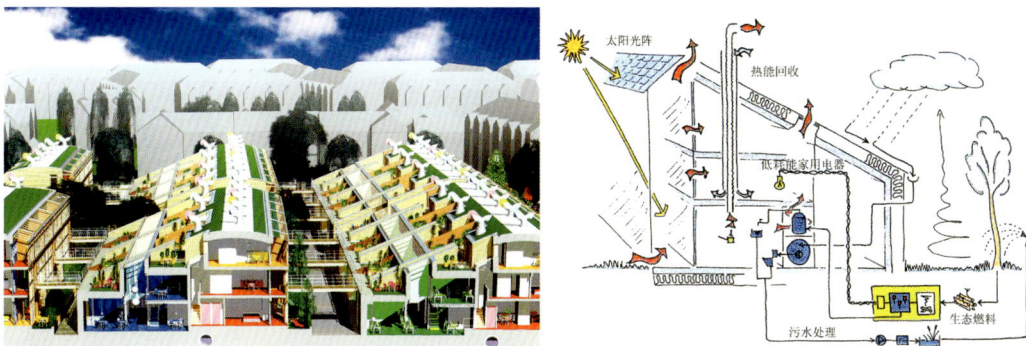

（a）

（b）

（c）

图 5-7　英国伦敦南郊污水处理厂开发设计的可持续发展居住体。利用一切自然资源和所谓的"垃圾"，通过专门的技术处理得以科学地使用，不仅减轻了我们对不可循环资源的依赖，而且解决了环保问题。有智者言：世界上本没有垃圾，只有放错了地方的东西

质不断循环使用的原理，将建筑中的各种资源，尤其是稀有资源、紧缺资源或不能自然降解的物质尽可能地加以回收、循环使用，或者通过某种方式加工提炼后进一步使用。同时，在选择建筑材料的时候，预先考虑其最终失效后的处置方式，优先选用可循环使用的材料。

　　3F和5R诸原则在某些方面是交叉和重叠的，它们之间有许多方面都是共通的，可以将这些原则的具体内容概括为经济、环保、健康和高效四个方面。

第二节　生态室内环境的设计内容

一、室内空气质量

室内空气质量指室内空气污染物（颗粒状或气体状）的聚集程度及范围，是衡量室内空气对人体影响的重要指标，影响室内空气质量的因素很多，其中包括室外空气品质、建筑材料的成分、人员活动情况等。

（一）室内空气污染对人体的危害

在日常生活中，如果室内空气污染已经造成了明显的身体伤害，就较容易受到使用者和有关部门的重视，但是一些表面上很难看出，实际上却已经严重伤害或潜在伤害人们健康的情况，往往并没有受到人们的注意和重视。生活在工业化国家中的人们几乎每天都在被迫呼吸由无数的化学和人造材料混合而成的"鸡尾酒"空气，更为糟糕的是，我们目前还很难知道这种"鸡尾酒"空气对于健康的确切影响。

（二）提高室内环境空气质量的具体设计措施

针对各种室内污染物的产生与传播特点，在进行建筑与室内环境设计和施工的过程中，应该根据建筑所处环境的实际情况及建筑和室内环境的性质，合理地进行设计和施工。

1. 合理的通风、换气设计　改变过去片面注重建筑表面视觉形态而忽视建筑内部环境的做法，重视建筑物的通风设计，保证建筑室内有良好的通风效果，尤其是在可能大量产生有害物质的空间和有大量人流积聚的场所，加大通风量（图5-8）。

2. 绿色的建筑装修材料与室内陈设品　选用环保型的建筑与室内装修材料，是减少室内环境污染的有效手段。所以，在选择建筑与室内装修材料时应该严格把关，尽量引进不含或少含有害成分的建筑与装修材料，避免选用和购买不符合国家规定的家具与其他室内陈设品。

3. 合格的室内电器，正确的摆放位置与电力布线　选用合格的室内电器和设备，并严格按照设备要求进行布置、安装和使用，这是保证室内不受或少受电磁污染的必要手段。电磁场的强度随着距离的增大而减小，离开电器越远，电磁感应作用就会越小，在布置电器时，应该时刻牢记这一点。

二、室内热舒适度

（一）影响室内热舒适环境的因素

室内热舒适环境不仅会给人带来不同的冷暖感觉，还会对人的生理和心理造成影响。室内热舒适程度是室内温度、湿度、空气流速、换气次数和气压条件等综合作用的结果，此外还与使用者的个体差异等因素密切相关，是一个复杂的物理作用过程，需要运用科学的设计方法，借助于各种专业的技术手段，通过精确的热工计算才能实现其良性的发展，室内设计师再也不可能仅凭单一的知识结构，按照个人的主观臆断来完成这样复杂的任务，因此，室内设计师与暖通工程师等的紧密合作，就成为完成这一环节的关键。室内热舒适环境还与室内环境的使用有着密切的关系，否则即使是再好的设计，只要使用者使用不当，维护不周，也不可能形成舒适的室内热环境。

（二）保证室内环境热舒适质量的具体措施

（1）合理地进行建筑设计，为室内环境设计创造良好的前提条件。建筑的围护结构应该根据热工计算来决定其材料的使用与构造方式（图5-9）。

（2）在进行室内环境设计时，不应该破坏或削弱建筑原有围护结构的保温隔热性能。

（3）建筑的顶楼或利用阁楼的建筑，需在顶楼或阁楼增加吊顶，并在其中填充合适的保温

（a） （b）

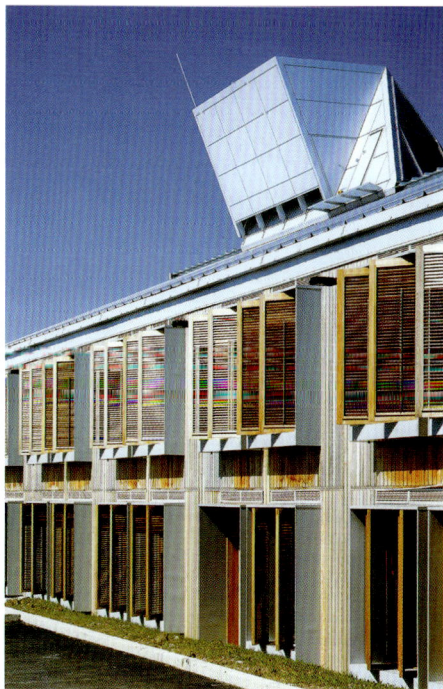

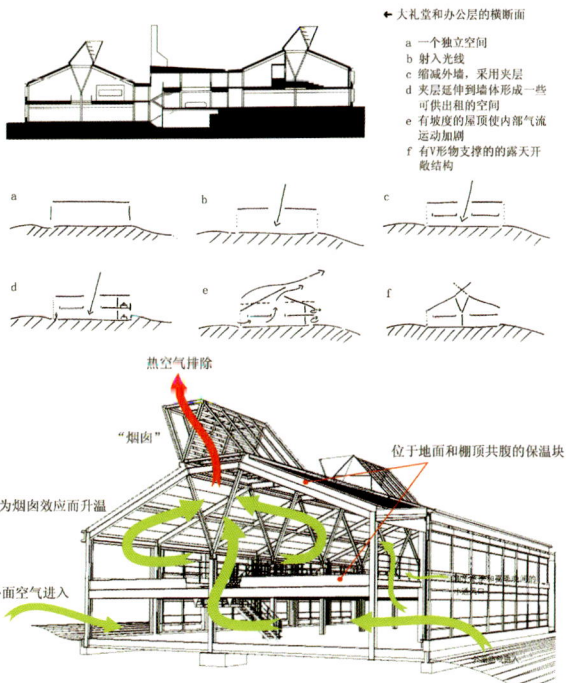

图5-8 英国的某校园建筑，建筑的主要功能是大礼堂和办公楼。办公楼的进深达到25m（通常办公楼进深控制在12~14m），并且通过"烟囱"效应在屋脊上开口实现了自然通风，使采光和自然通风趋于完善

图5-9 美国芝加哥当代艺术博物馆的永久展品展览馆，通过透明天窗的分层系统来控制日光，在它之上还有自动操控的百叶窗来进一步调空，来保证室内适宜的照度和温度

（隔热）材料。

（4）采用密封性能良好的门窗，并在安装时严格把握安装质量，防止渗漏的发生。窗户的设计处理要能够做到尽量争取更多的自然阳光照入室内，而在夏季时则有较好的遮阳设施。

（5）合理地采用高储热性能的材料，如传统的砖、石、混凝土等材料，自然调节室内的温度，减少室内的温度波动。在冬季寒冷的地区，室内尽量多采用给人以温暖感的装修材料。

三、室内光环境

我们对周围事物的感知大部分都建立在视觉的基础上，而光线是产生视觉效果的前提条件。光线在室内设计中表现出来的就是采光与照明，是室内设计中最为关键的基本要素之一，因为没有它就没有任何景象。

（一）室内环境与采光

采光有天然采光和人工采光（或称"人工照明"）两种。不同的采光强度会给人的心理造成不同的影响：明亮使人兴奋、喜悦、活力、积极、开放；黑暗使人安静、消沉、隐秘、封闭。"光"还具有吸引和导向的功能。

天然采光的方式，按光源来的方向，一般有侧面采光和天棚采光两种。作为侧面采光又有单面侧向采光和双面侧向采光之分，从窗的位置而言，又有高窗、低窗和中间窗等。

当窗户的高度低于桌面的高度时，不仅对天然采光没什么大的帮助，还会增加冷暖系统的负担。按照国家建筑标准，居室窗口面积与地面面积之比不能小于1∶7，而卫生间窗口面积与地面面积之比不能小于1∶10（表5-1）。

表 5-1　　　　　　　　　　　　　　　　居住建筑的采光系数标准值

采光等级	房间名称	侧面采光	
		采光系数最低值 Cmin（%）	室内天然光临界照度（Lx）
Ⅳ	起居室（厅）、卧室、书房、厨房	1	50
Ⅴ	卫生间、过厅、楼梯间、餐厅	0.5	25

在这里我们列出是单面侧向采光的七种不同形式的平面，形成各种面积不同的暗角（图5-10）；单面侧向采光，因窗的高度位置不同，所形成的室内暗角也各异（图5-11）；双面高低窗采光，由于墙角的形式不同，形成的暗角也各不相同（图5-12）；顶部采光的各种形式（图5-13）；利用坡屋面设置天窗采光，也是一种在实例中经常看到的顶部采光形式（图5-14）。不同结构的形式造成各不相同的暗角，这些采光方式，可以供我们在做室内环境设计时，处理不同用途的室内空间的不同光照问题。

（二）照明设计基本知识

1. **照度**　照度（用符合E表示）是指单位面积上接受的光通量（单位为流明lm），用来反映被照物的照明水平，单位为勒克斯（Lx）。

2. **亮度**　亮度和照度不是一个概念，亮度是一种主观评价和感受，指的是被照面单位面积上的发光强度，反映光源或物体的明亮程度。亮度的大小主要与被照面的反射率有关，当照度相同时，白纸看起来亮，黑纸看起来暗。亮度是在所有的光度量中，唯一能直接引起眼睛视感觉的量。

室内的亮度分布是由照度分布和表面反射率所决定的。如果在空间功能上没有特殊的要求，从节能环保的角度看，室内界面宜采用反射率较高的颜色和材料。

3. **光色**　光色即光的颜色，又称色表，可用色温（单位：K）来描述。光色能够影响环境的气氛，如含红光较多的"暖"色光（低色温）能使环境有温暖感；含"冷"色光较多（高色温）的环境，能使人感到凉爽等。灯光的色温分三个区域：色温<3300K的为暖色，色温在3300K～5300K之间的为中间色；色温>5300K的为冷色。

选择光源的色温，应该参照照度的高低。照度高时，色温也要高；照度低时，色温也要低。否则，照度高而色温低，会使人感到闷热；照度低而色温高，会使人感到惨淡甚至阴森（图5-15）。

4. **显色性**　光源的显色性指光源显现物体颜色的特性，用显色指数（Ra）表示。Ra的最大值为100，值越高，表示显色性越好。一般认为，Ra在80以上时，显色性为优良。Ra为79～50时，显色性为一般。Ra小于50时，显色性为差。就住宅来说，显色性指数最好在80以上。

5. **发光效率**　发光效率是指一个光源所发出的光通量与该光源所消耗的电功率之比，它反

（a）侧面全开窗出现微小的暗角　　　　　　（b）侧面一半开窗出现的暗角

（c）一个小窗出现大面积的暗角　　　　　　（d）相间开四个小窗出现部分相间暗角

（e）凹进单向开口形成暗室　　　（f）凹进双向开口　　　（g）凸出双向进口
　　　　　　　　　　　　　　　　　　　形成暗室　　　　　　形成暗室

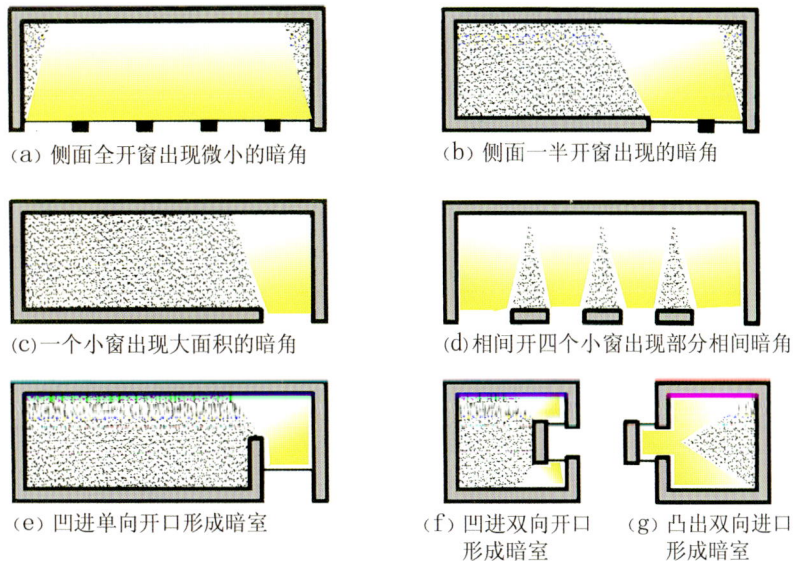

图 5-10　单向采光暗角形成的平面图

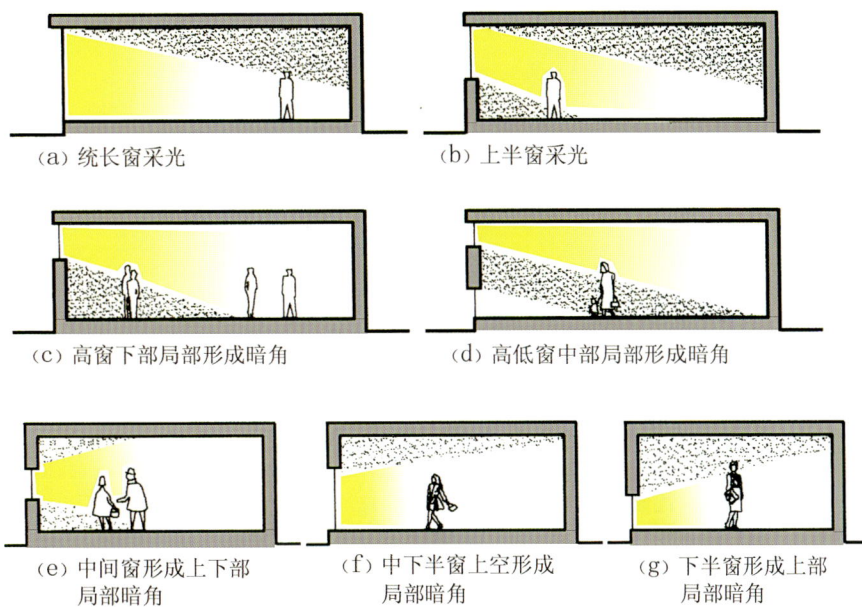

（a）统长窗采光　　　　　　　　　　　　　（b）上半窗采光

（c）高窗下部局部形成暗角　　　　　　　　（d）高低窗中部局部形成暗角

（e）中间窗形成上下部　　　（f）中下半窗上空形成　　　（g）下半窗形成上部
　　　局部暗角　　　　　　　　　局部暗角　　　　　　　　　局部暗角

图 5-11　单向采光暗角形成的立面图

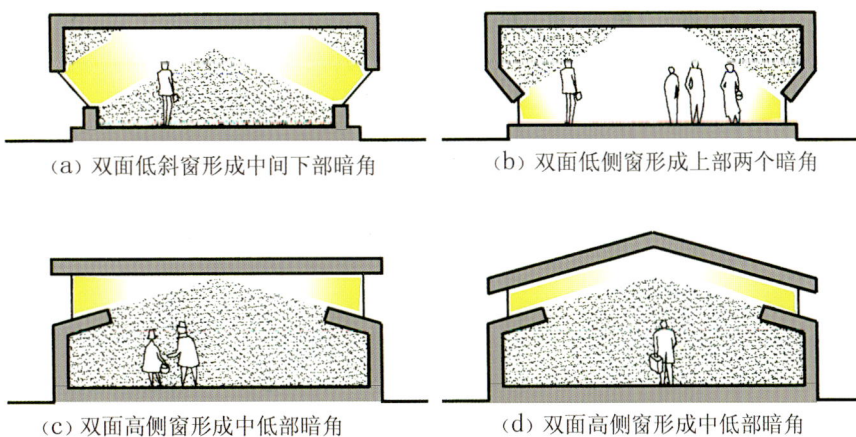

（a）双面低斜窗形成中间下部暗角　　　　　（b）双面低侧窗形成上部两个暗角

（c）双面高侧窗形成中低部暗角　　　　　　（d）双面高侧窗形成中低部暗角

图 5-12　双面采光暗角形成立面图

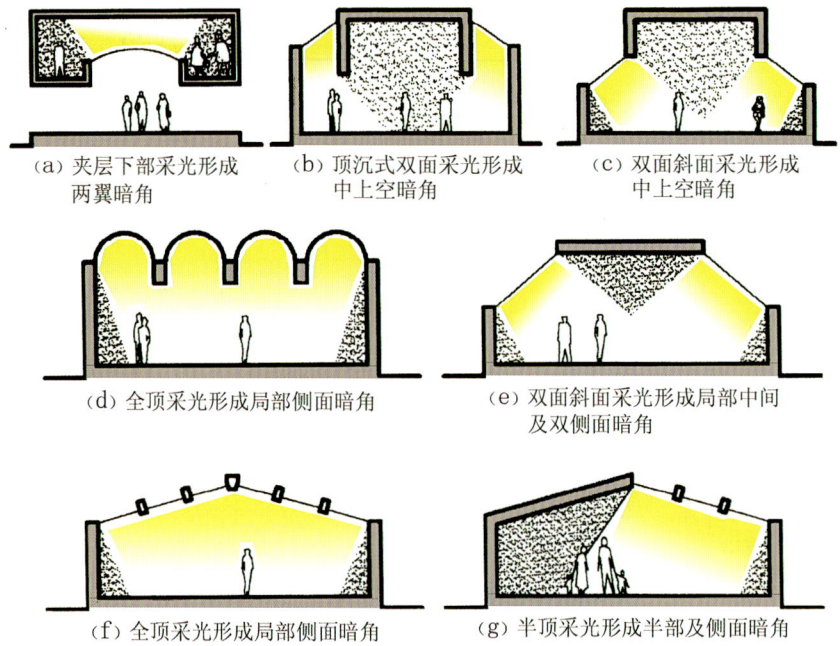

(a) 夹层下部采光形成
两翼暗角

(b) 顶沉式双面采光形成
中上空暗角

(c) 双面斜面采光形成
中上空暗角

(d) 全顶采光形成局部侧面暗角

(e) 双面斜面采光形成局部中间
及双侧面暗角

(f) 全顶采光形成局部侧面暗角

(g) 半顶采光形成半部及侧面暗角

图 5-13　顶部采光暗角形成立面图

图 5-14　住宅结合屋顶坡面设计的采光系统，不仅可满足采光要求，而且将户外景色尽收眼底

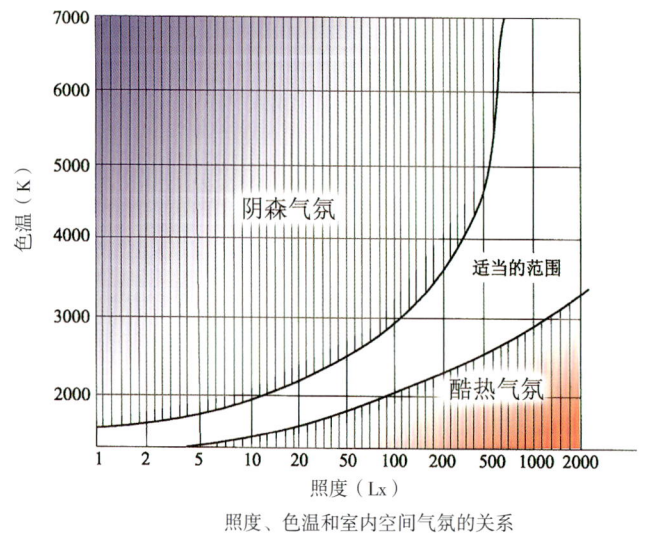

照度、色温和室内空间气氛的关系

图 5-15　照度、色温和室内空间气氛的关系

映了光源将电能转换为可见光的能力。

6. **光源** 室内常用的人工光源主要有白炽灯、荧光灯和霓虹灯（表5-2）。

表 5-2　　　　　　　　　　　　照明光源的基本参数

光影名称	功率（W）	光效（lm/W）	寿命（h）	色温（K）	显色指数（Ra）
白炽灯	1～1000	8～17	1000～2000	2800左右	95以上
卤钨灯	10～2000	15～21	1000～2000	2800～3200	90以上
荧光灯	7～125	37～85	8000	2700～6500	55～85
高压汞灯（荧光灯）	50～1000	30～55	6000	2900～6500	30～40
高压钠灯	35～1000	60～105	15000	1900～2400	19～25
金属卤化物灯	35～2000	75～90	8000	3000～6500	60～95

（三）照明设计的原则

1. 舒适性原则

（1）要有适宜的照度　过强的光线会导致眼睛疲劳，使人烦躁不安，甚至眩晕，降低思维能力，对环境产生厌恶感；过弱的光线则会使大脑兴奋性减弱，眼睛疲劳，降低工作效率。

（2）要有合理的投光方向　不仅需要不同的照度，也要考虑投光的方向。如在阅览室阅读时，为了使阅读材料显得平滑，光线宜来自前上方。为了更好地观察立体景物，光线最好是侧光，且与视线基本垂直，这样才能突出景物的立体感。

（3）要避免眩光的干扰　眩光是指在视野内出现亮度极高的物体或过大的亮度对比时，以致使眼睛极不舒服或明显降低可见度的视觉现象。其严重程度决定于光源的亮度和大小、光源在视野内的位置、观察者的视线方向、照度水平和界面的反射率等，其中，光源的亮度是主要的。因此，为限制眩光，应尽量选择功率较小的光源，当必须选用大功率光源时，最好采用间接照明，或把光源隐蔽起来。遮光灯罩可以隐蔽光源，如果把保护角控制在20～30度之内，就可避免眩光的干扰（图5-16）。

（4）要有合理的亮度比　室内的亮度分布是由照度分布和表面反射比决定的。舒适的光环境应有合理的亮度分布，真正做到明暗相结合。亮度比过小会使环境平淡乏味；亮度比过大会引起眩光，影响视觉正常活动。

那我们如何来控制亮度比呢？控制整个室内的合理的亮度比例和照度分配，首先要了解所用照明的类型：①基础照明的特点是常采用匀称的、镶嵌于顶棚上的固定照明，或是采用特别设计的反射罩，使光线射向主要方向的成角照明，这种形式为整个空间照明提供了一个良好的、照度基本均匀一致的水平面，任何地方都光线充足，便于任意布置家具，常用于住家的客厅和酒店的大堂，但是耗电量大（图5-17）。②重点照明是对主要场所和对象进行重点投光。比如商店商品的陈列架或橱窗的照明，目的在于使商品更加醒目，吸引顾客的注意力。一般使用强光来加强商品表面的光泽，加强商品的立体感和质感，其亮度要达到基本照明的3～5倍（图5-18）。住家的书房也常采用重点照明来保证阅读和书写区的光线。③装饰照明的目的在于增加空间层次，创造环境气氛，常安装在空间的周围地带，尤其在商业空间中，一定要把握好装饰照明的尺度，不要喧宾夺主，否则会适得其反，破坏了精心布置的重点照明（图5-19）。

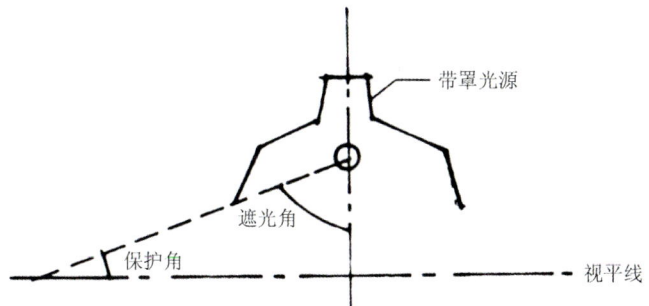

图 5-16　遮光罩的遮光范围

图 5-17　基础照明设计，将光源隐藏，使室内光线显得柔和

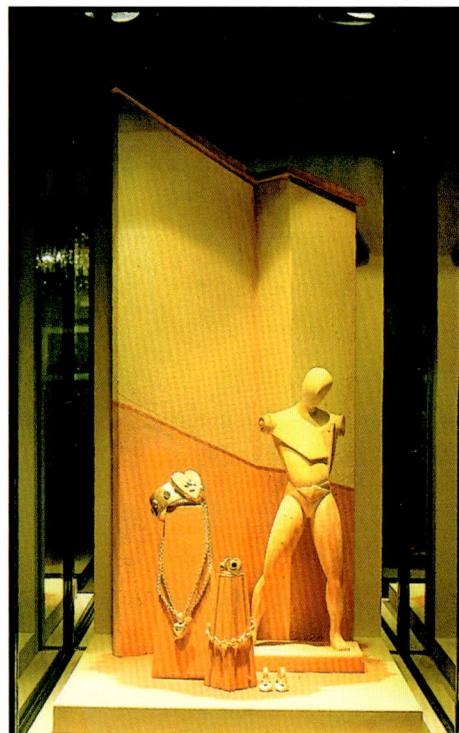

图 5-18　德国慕尼黑TIFFANY商店的橱窗照明设计，重点照明的灯光结合橱窗背景，使画面呈现超现实梦幻般的感觉

图 5-19　酒吧吧台下和墙上的装饰照明，也起到了基础照明的作用，使酒吧的气氛更加朦胧浪漫

在了解了照明的方式之后，设计师就可以对室内空间进行照明设计，来解决照明的亮度比的控制问题了（表5-3）。

表 5-3　　　　　　　　　　室内各部分最大允许亮度比参考表

相比区域	比例值
视力作业与附近工作面亮度之比	3：1
视力作业与周围环境亮度之比	10：1
光源与背景亮度之比	20：1
视野范围内最大亮度之比	40：1

（5）宜人的光色和良好的显色性　舒适的光环境必须按照空间的使用特性和使用者的特点，设计出宜人的光色和良好的显色性，以便能从多方面满足使用者生理和心理的需求（图5-20）。

2.　**艺术性原则**　室内照明是一种"廉价"而有效的环境效果构成要素。使用不同的光、色、影，可以丰富空间的层次，改变空间的形象，烘托环境的气氛，深化环境的主题，强化空间各种要素的表现力（图5-21）。

3.　**节能环保性原则**　首先，要选取合理的照度值；其次，要采用合适的照明方式，在照度要求较高的场所，宜用混合照明系统，根据实际情况分区分时使用不同的照明系统；再次，要推广使用高光效光源，采用高效率节能灯具。灯具效率是指在正常情况下灯具所发射的光通量与灯具内所有光源发出的光通量的比值，反映灯具对光的利用效率。从本质上说，人工照明乃是对天然采光的补充，不加节制地使用人工照明，不仅耗费能源，还会污染环境，即产生所谓的"光污染"，如城市夜空过亮会影响人和植物的发育，长时间在明亮的夜间工作会产生某些疾病等。

4.　**安全性原则**　照明线路、开关、灯具等都要安全可靠，如儿童活动场所的插座不能太低，以防儿童触电。特别危险的区域如配电房等，要设置专门的标志。布线和电器设备要符合消防要求，天花内布线应使用套管与双塑线等，尽量减少室内电磁辐射污染。

5.　**时尚性原则**　科技的发展和文化的进步，不断丰富着现代的照明技术。款式新颖、机能完善的灯具日益增多，设计师应更多地了解现代照明的发展趋势，使照明设计更具时尚性，更具现代感（图5-22）。

（四）室内环境与照明

就室内环境设计而言，光照可以构成空间、改变空间、美化空间和破坏空间，它直接影响物体的视觉大小、形状、质感和色彩，以至直接影响到环境的艺术效果，是生态室内空间的重要组成环节。室内的人工照明设计究竟要采用何种方式，达到何种效果，这与该空间的功能要求密切相关。

1.　**光照的种类**　照明灯具所产生的光线，有直射光、反射光和漫射光三种。

（1）**直射光**　光源直接照射到工作面上的光。直射光的照度高，电能消耗少，为了使光线不直射入眼睛产生眩光，通常需用灯罩配合，把光集中照射到工作面上（图5-23）。直接照明又有广照型和深照型两种。

（2）**反射光**　反射光是利用光亮的镀银反射罩作定向照明，使光线受下部不透明或半透明的灯罩的阻挡，光线的全部或一部分反射到天棚和墙面，然而再向下反射到工作面。这类光线比较柔和，视觉舒适，不易产生眩光（图5-24）。

（3）**漫射光**　漫射光是利用特别材料制作的灯罩或特制的格栅等辅助设施，使光线形成多方向的漫射，或者形成由直射光、反射光相混合的光线，漫射光的光线柔和，而且艺术效

图5-20 洁净舒适的照明使店堂显得整洁、宽敞、宜人

图5-21 利用灯具的独特造型在天花上留下的光影效果，使KTV包房增色无限

图5-22 艺术照明灯具与墙面装饰图案融为一体，新颖时尚

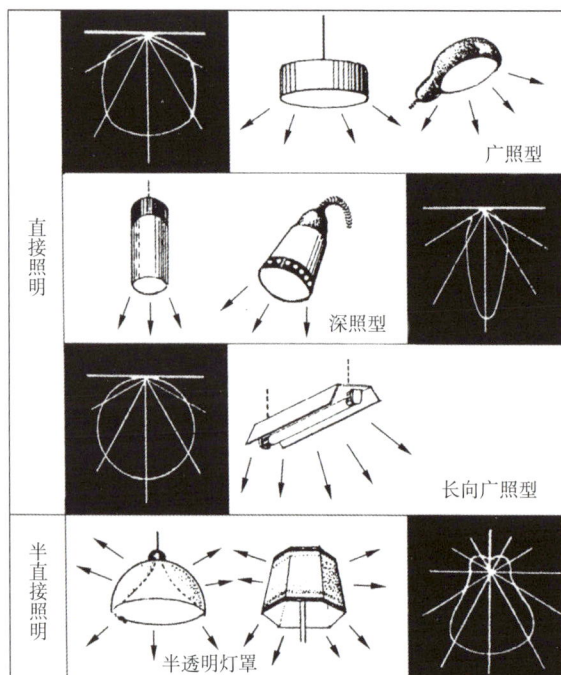

图5-23 直射光照明方式

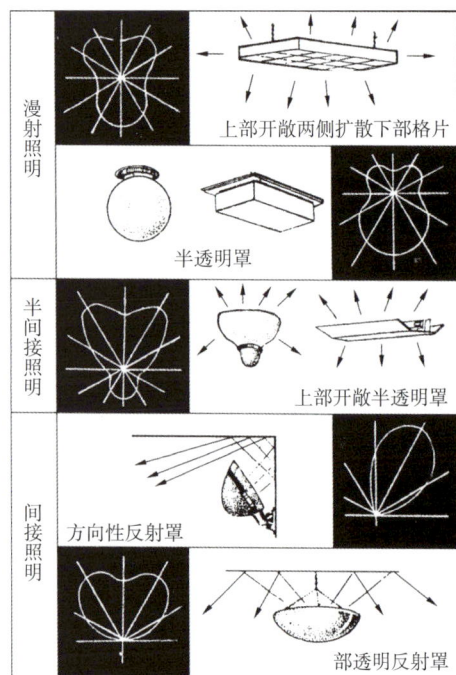

图5-24 反射光照明方式

果较佳。

在室内照明设计中，正由于上述三种光线有不同的特点，我们可以根据室内空间所要达到的功能和效果，独立或相结合地灵活使用，就产生了多种照明效果和方式。

2. 照明方式

（1）直接照明方式有两种形式：一是无灯罩的灯泡所发射的光线，二是灯泡上部有不透明的灯罩，灯光向下直接射到工作面。按照灯泡和灯罩相对位置的深浅，又可分为广照型、深照型和格栅照明（广照型加上格井的照明）。广照型光线分布面较广，常用于室内一般照明；深照型光线集中，相对照度较高，一般用作台灯、工作灯，供书写、阅读、绘图等使用；格栅照明光线成分中含有部分折射光和反射光，光线柔和，比广照型更适宜作一般照明。

（2）半直接照明方式是半透明材料制成的灯罩，罩住灯泡上部，60%以上的光线集中射向工作面，被罩光线又经半透明灯罩扩散而向上漫射，其光线比较柔和。这种灯具常用于层高较低的房间作一般照明，由于漫射光线能照亮平顶，感觉上使房间顶部高度增加，因而能产生较高的空间感。

（3）半间接照明方式，恰和半直接照明相反，把半透明的灯罩装在灯泡下部，60%以上的光线射向平顶，形成间接光源，小部分光线经灯罩向下扩散。这种方式能产生比较特殊的照明效果，使较低矮的房间有增高的感觉，也适用于住宅中的小空间部分，如门厅、过道等。

（4）间接照明方式是将光源遮蔽而产生的间接光的照明方式。通常有两种处理方法：一是将不透明的灯罩装在灯泡的下部，光线射向平顶或其他物体上反射成间接光线；另一种是把灯泡设在灯槽内，光线从平顶反射到室内成间接光线。这种照明方式单独使用时，须注意不透明灯罩下部的浓重阴影，要用有较强的反射光照度加以调和。通常和其他照明方式配合使用，才能取得特殊的艺术效果。由于这种照明方式耗电量大，一般场合不宜采用。

（5）漫射照明方式，是利用灯具的折射功能来控制光线的眩光，将光线向四周扩散漫射。这种照明大体上有两种形式，一种是光线从灯罩上口射出经平顶反射，两侧从半透明灯罩扩散，下部从格栅扩散。另一种是用半透明灯罩把光线全部封闭而产生漫射。这类照明的光线性能柔和，视觉舒适，最适于卧室。

（五）室内照明设计的要点

（1）居住、娱乐、社交活动等用途的室内的照明，设计方向主要是照明的舒适感和艺术效果。

（2）对于办公室照明，为提高可见度和有利于节能，应尽量将灯光集中于工作区内。

（3）在绘图室、打字室可把灯具作非对称排列方式，以便使光线主要来自左前方。

（4）在商店出售和陈列商品的售货厅，照明的主要任务是把顾客的注意力吸引到陈列商品上来。展览橱柜和橱窗可以通过局部加强光照，使用彩色灯光或有规律地变换灯光的颜色，来达到加强照明的艺术效果、突出商品的宣传及美化环境的目的。

（5）在博物馆、美术馆，照明的一个最重要的要求是使展品获得准确的显色性（光源的一般显色指数Ra>90），并要注意把展品的立体感表现出来，同时还要注意保护展品，防止由于某些展品颜色受到长时间的或强烈的光辐射而变质褪色。

（6）在体育运动场所应充分采用高光效混光光源组成的灯具，并应该充分注意提高垂直照度。

（7）对于门厅、楼梯、走廊等场所，照明主要是导向作用和保证安全。这些场所的垂直照度比水平照度更为重要。

（六）室内照明设计程序

1. 照明设计的初始资料

（1）建筑的平面、立面和剖面图。了解该建筑在该地区的方位，邻近建筑物的概况；建筑层高、楼板厚度、地面、楼面、墙体做法；主次梁、构造柱、过梁的结构布置及所在轴线的位置；有无屋顶女儿墙、挑檐、屋顶有无设备间、水箱间等。

（2）全面了解该建筑的规模、建筑构造、建造工艺和总平面布置等情况。

（3）向当地供电部门调查电力系统的情况，了解该建筑供电电源的供电方式，供电的电压等级，电源的回路数，对功率因数的要求，电费收取办法，电能表如何设置等情况。

（4）向建设单位及有关专业了解工艺设备布置图和室内布置图。比如，工厂要了解生产车间工艺设备的确切位置；办公室内的办公桌的布置形式；商店里的展柜、货架布设方向；橱柜中展出的内容及要求；宾馆内各房间里的设备布置、卫生间的要求等。

（5）向建设单位了解建设标准。各房间灯具标准要求；各房间使用功能要求；各工作场所对光源的要求，视觉功能要求，照明灯具的显色性要求；建筑物是否设置节日彩灯和建筑立面照明，是否安装广告霓虹灯等。

（6）进户电源的进线方位，对进户标高的要求。

（7）工程建设地点的气象、地质资料，建筑物周围的土壤类别和自然环境，防雷接地装置有无障碍。

2. 照明设计的步骤

（1）确定设计照度。根据各个房间对视觉工作的要求和室内环境的清洁状况，按有关照明标准规定的照度标准，确定各房间或场所的照度（工业的为最低照度，民用的为平均照度）和照度补偿系数（K）。

（2）选择照明方式。根据建筑和工艺对电气的要求，房间的照度规定，选择合理的照明方式。

（3）光源和灯具的选择。依据房间装修对色彩、配光和光色的要求和环境条件等因素来选择光源和灯具。

（4）合理布置灯具。从照明光线的投射方向、工作面的照度、照度的均匀性和眩光的限制，以及建设投资运行费用、维护检修方便和安全等因素综合考虑（图5-25）。

（5）照度的计算。根据各房间的照度标准，通过计算，决定各个房间的灯具数量或光源的容量，或者以初拟的灯具数量来验算房间的照度值。

（6）考虑整个建筑的照明供电系统，光照设计和电气设计是相互密切联系着的，因此还要考虑各支线负载的平衡分配、线路走向、电气设备的选择等情况。在电气照明安装和敷设中，往往有预埋穿线管道或支架的焊接件，或预埋孔等，都应在汇总时向土建提交这些资料。要提

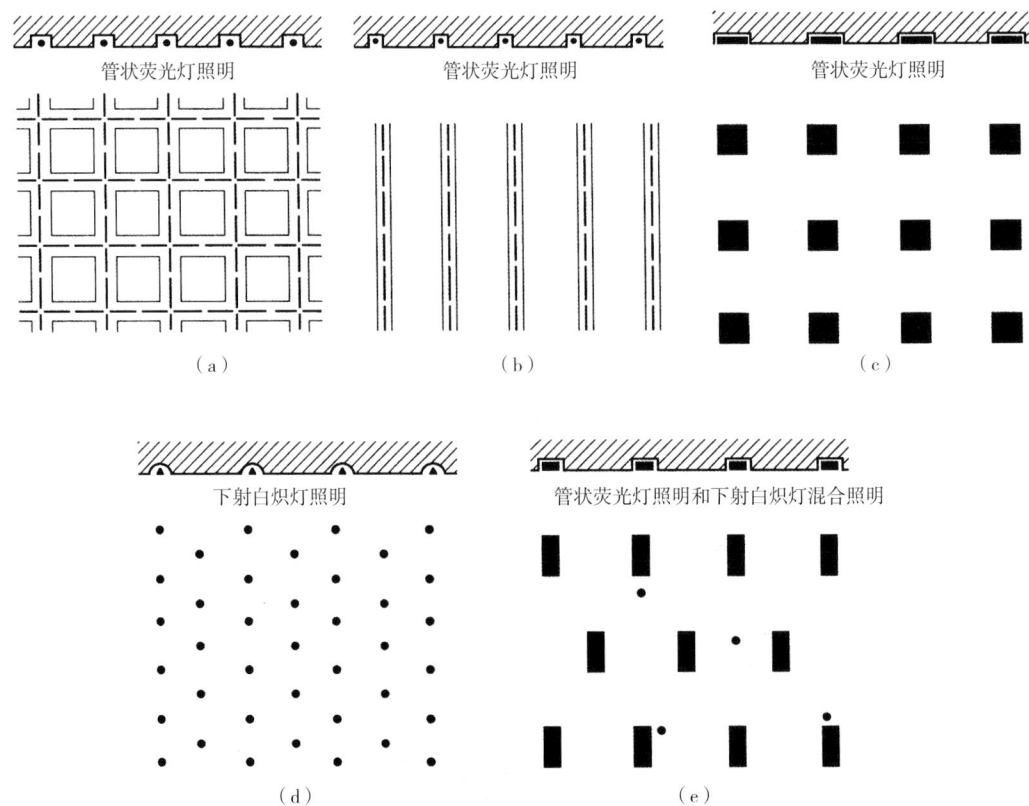

管状荧光灯照明　　（a）

管状荧光灯照明　　（b）

管状荧光灯照明　　（c）

下射白炽灯照明　　（d）

管状荧光灯照明和下射白炽灯混合照明　　（e）

图5-25　商店的几种天棚龛孔整体照明布置方式

得具体确切，如预留孔留在哪个位置，离房间某一坐标轴线多远，标高多少，尺寸多大等。

（7）绘制照明施工图。先绘平面图，然后绘配电系统图，编写工程总说明，列出主要材料表。

（8）编制预算书。这要根据建设单位要求或设计委托书来决定。

四、室内声环境

（一）室内环境中的噪声危害

室内声音主要由背景噪声、干扰噪声和需要听闻的声音等构成。背景噪声是指听者周围的噪声，通常是指房间使用过程中所不可避免的噪声；干扰噪声是指对人们需要听闻的声音产生干扰的其他各种声音的混合。

（二）室内环境降噪

室内声环境是由室内外之间的声能流动及室内各发声体之间的声能流动而构成的，即室外的声音通过门、窗、建筑围护结构等进入室内，室内的声音同样也经过相同的渠道传播到室外，构成城市噪声的一部分。同时室内的各种声源，如人的谈话声、电话铃声、机器发出的振动声等相互传播、融合，形成室内的环境噪声。

一般来说，室内环境中危害最大的噪声主要可归纳为以下几种。

1. **空气传声** 建筑厚实的墙体和楼板是防止空气传声最简单、最好的办法。声波到达墙体和楼板时，有一部分会被墙体和楼板所反射，另有一部分声波的能量会被墙体或楼板所吸收，所以不会产生振动，这就是为什么厚实的墙体或楼板具有良好隔声效果的基本原理。此外，地毯、墙体的软质贴面材料、家具面料和吸声顶棚等相对较软的材料同样具有吸收空气传声的作用，在吸声过程中，声波被转换成热能。

2. **撞击声** 一般来说，混凝土楼板和其他实体地板都是撞击声的良好导体，阻隔撞击声的方法之一，就是采用软质的纤维材料，如麻丝和其他纤维等，这些隔音材料可以吸收声波的能量，从而使声音发生衰减，达到降噪的目的。铺设混凝土或灰泥层时，一定要防止混凝土或灰泥与楼板直接相接，否则会形成热桥。各层材料及材料与材料之间的任何空隙都应该用软质隔声材料填实，从而避免空腔产生振动而将声音放大。

对于建筑室内原有隔声较差的墙体或顶棚，也可以通过一定的处理来改善其隔声性能，比如可以在原有墙体之前或顶棚之下再加一层新的墙体或顶棚，在新旧墙体之间填以隔声材料。但使用这种方法时必须注意，新的墙体或顶棚绝对不能与不希望产生传声作用的构件直接接触，否则就会产生"声桥"，而使声音通过这些构件传至其他区域（图5-26）。

建筑室内的各种管道是室内噪声的一个重要来源，要解决这一问题，可选购低噪声的管道装置，另外也可以通过一些相应的降噪措施来达到降噪的目的，可在管道外用隔音材料包裹起来。空调的风口也是容易产生噪声的地方，应该配以合适的垫圈，并同样用隔声材料包裹起来。

由于隔声材料一般来说皆具有良好的隔热性能，所以在取得良好的隔声效果的同时，也提高了建筑、室内的隔热性能，可谓一举两得。

3. **外界噪声** 影响室内声环境质量的室外噪声主要包括交通噪声、工业噪声、施工噪声、室外社会噪声和生活噪声等。

隔绝室外噪声最为简便有效的办法，应该是安装密封性能良好的高质量门窗。当然，对于一些旧的临街建筑，也不一定需要更换所有的窗户，有时，只要在玻璃与窗框之间增添或更换性能良好的密封条，将窗框与墙体之间的缝隙修补填实，就可以明显地改善房间的隔声性能，减少外界噪声对室内的影响。当然，也可以更换窗户的玻璃，采用新型的隔声玻璃。

在室内增加绿色植物，也是室内减噪的有效办法，植物既能对室内空气起过滤作用，为室内补充足够的氧气，同时也可为室内环境提供良好的吸声减噪效果。

（a）

（b）

（c）

（d）

（e）

图5-26　这是德国一家民用住宅在加做顶棚的隔音层，隔音填充物都是以自然界中的有机植物为原料加工而成的，柔软高质，极其环保

第六章
室内家具与陈设

第一节 室内家具

一、家具的概念

家具是指人类日常生活和社会活动中使用的具有坐卧、凭倚、储藏、间隔等功能的生活器具，在室内设计中，当墙面、地面、顶棚、窗和门布置完毕后，建筑空间中家具的选择和布置则是室内设计的主要任务。

二、家具的空间营造功能

1. 实用功能

（1）分隔空间　为了提高内部空间的灵活性，常常利用家具对空间进行二次分隔。

（2）组织空间　家具还可把室内空间划分成为若干个相对独立的部分，以形成一个个功能独立的区域。

（3）填补空间　室内空间是拥挤闭塞还是舒展开敞、统一和谐还是杂乱无章，在很大程度上取决于家具的数量、款式和配置的形式。如果家具布置不当，室内空间就会出现轻重不均的现象。

2. 精神功能

（1）陶冶审美情趣　室内家具配置能反映使用者的阅历、文化、职业特点、性格、爱好、审美情趣。

（2）体现风格传统　家具可以体现民族的传统和风格，如中国明式家具的典雅和日本传统家具的轻盈（图6-1）；家具还可以体现地方风格，不同地区由于地理气候条件不同、生产生活方式不同、风俗习惯和宗教文化的不同，家具的材料、做法和款式也不同。

（3）创造气氛意境　有些家具体形轻巧，外形圆滑，能给人以轻松、自由、活泼的感觉，可以形成一种悠闲自得的气氛；有些家具是用珍贵的木材和高级的面料制作的，带有雕花图案或艳丽花色，能给人以高贵、典雅、华丽、富有新意的印象（图6-2）。

三、家具的发展

中国家具经数千年的不断发展，形成了不同时期的多种风格，尤其是明、清家具达到了历

图6-1　传统的日式家具以淡雅节制、深邃禅意为境界，形成了独特的家具风格；日式家居环境体现出一种闲适写意、悠然自得的生活境界

图6-2　法式长椅古意秀雅，搭配沉稳的落地灯与储藏柜，怀旧之情溢满空间，让人遐想无限

史高峰，为世人所推崇。明式家具造型简洁明快、素雅端庄、比例适度、线条挺秀，充分展现了木材的自然美。清式家具风格华丽、浑厚庄重、线条平直硬拐，注重雕饰、髹漆描金、装饰求满求多。中式家具注重选材，充分表现材料色泽、纹理。家具采用梁柱结构，做工精细，技术与艺术二者统一。家具种类有凳、椅、柜、橱、几、架、床等（图6-3）。

国外的家具发展也有着悠久的历史，对后世影响巨大的当属古埃及的家具，它对之后的古希腊、罗马及欧洲大陆的家具发展起到了模范作用，直至文艺复兴仍能见其踪迹。文艺复兴之后家具发展的主要流派有巴洛克式（图6-4）、洛可可式（图6-5）、新古典风格、帝政式（图6-6）、西班牙古典风格、英国古典风格（图6-7）、意大利新古典风格（图6-8）、美国古典风格、简约风格（图6-9）等。

图6-3　明式家具不仅对中国，而且对世界的家具发展都产生了巨大的影响，至今仍然是家具设计的经典之作。图中明式圈椅造型简洁，线条流畅，自然大方

图6-4　镂金雕花围边的沙发，配以豪华织锦包面，做工精细，陪衬镂金雕花壁灯与镜面，营造出巴洛克风格豪华的气派

图6-5　洛可可艺术在室内、家具、灯饰及陈设等装饰设计上，蕴含着东方花鸟纹样的生命气息，形成了一种轻快精巧、优美华丽、闪耀虚幻的效果

图6-6　带有沟槽的直线腿、卵圆形靠背、织物包面，点缀以枝形吊灯，古典中蕴含着简洁，展现抒情华美的抒情效果

图 6-7 端庄质朴的外表掩饰不住优雅的品质和高贵的气质

图 6-8 意大利新古典风格的贵妃榻雕花精致，曲线柔和舒适，面料图案考究，造就出温馨宜人的居室气氛

图 6-9 简约风格设计的家具可以使室内空间显得宽敞、大方、简洁，但绝不意味着导致生活内涵的简化，创造舒适怡人的高品质生活环境依然是设计的出发点

四、室内家具的类型

（一）按基本功能分类，家具主要可分为坐卧、桌台、储物与装饰等类型

1. **坐卧类家具** 是家具中最古老最基本的家具类型，是与人体接触面最多、使用时间最长、使用功能最多最广的基本家具类型，造型式样也最多最丰富，坐卧类家具按照使用功能的不同可分为椅凳类、沙发类、床榻类三大类。

2. **桌台类家具** 是与人类工作方式、学习方式、生活方式直接发生关系的家具，在使用上可分为桌与几两类，桌类有写字台、抽屉桌、会议桌、课桌、餐台、试验台、电脑桌、游戏桌等，几类有茶几、条几、花几、炕几等。

3. **储物类家具** 指储存衣服、被褥、书刊、器皿等物品的柜、橱、架、箱等家具。

4. **装饰类家具** 指以美化空间、装饰空间为主的家具，如博古架、装饰柜、屏风等。

（二）按使用材料分类，主要可分为木质、竹藤、金属、塑料与软垫家具等类型

1. **木质家具** 是指用木材及其制品如胶合板、纤维板、刨花板等制作的家具。木质家具是家具中的主流，它具有造型丰富、色泽纯真、纹理清晰、导热性小、有一定弹性和透气性的特点。

2. **竹藤家具** 指以竹、藤为材料制作的家具。它和木质家具一样具有质轻、高强度、纯朴、自然等特点，而且更富有弹性和韧性，易于编织（图6-10）。

3. **金属家具** 指以金属材料为骨架，与其他材料如木材、玻璃、塑料、石材、帆布等组合而成的家具。金属家具充分利用材料的特性，通过金属材料表面的不同色彩和质感的处理，使其极具时代气息，特别适合陈设于现代气息浓郁的室内环境空间（图6-11）。

4. **塑料家具** 塑料是材料中的变色龙，可热可冷，可硬可软，可以有形态记忆性，可以是结构化和质量很轻的，可塑性极强，可以加工成任何形状，同时它色彩丰富，与其他家具巧妙搭配，可以起到美化居室的作用。

5. **软垫家具** 指由软体材料和面层材料组合而成的家具。常用的软体材料有弹簧、海绵、植物花叶等，面层材料有布料、皮革、塑胶等。软垫家具能增加与人体的接触面，避免或减轻人体某些部分由于压力过于集中而产生的酸疼感（图6-12）。

图6-10 竹藤类家具让人觉得亲切自然，具有浓厚的乡土气息和地方特色，且线条流畅、造型丰富，在室内环境中具有极强的表现力和别具一格的艺术效果。随季节的变化可以加铺软质靠垫，方便实用

图6-11 "两张椅子之间"（Between Two Chairs）是坎贝尔为"献给丹麦王子的椅子"比赛设计的休闲椅的名字：一张是激光雕刻的铁椅，一张是用水流切割技术雕刻的橡皮椅。坎贝尔以此隐喻为王子的双重身份：既是为国家和传统所束缚的公众人物，又是在私生活中无拘无束的自由人。作品充分体现了科技和工艺在家具设计中的重要性

图6-12 这张有着巨大的绿色泰迪熊外形的沙发是卡莱奈尔2001年设计的一套休闲家具中的一件，它是我们午后打盹、小孩玩耍的最好之处

6. **玻璃家具** 玻璃具有清澈透明、晶莹可爱、色彩艳丽的品质，经过现代技术处理，可牢固安全，也可弯曲成型，在家具中应用日益广泛。玻璃家具珠光宝气，流光溢彩，具有浪漫梦幻情调，极富现代感。

（三）按结构形式分类，主要可分为框架、板式、折叠、充气与浇注等家具类型

1. **框架家具** 指家具的承重部分是一个框架，在框架中间镶板或在框架的外面附面板的家具结构形式，具有坚固耐用的特性，常用于柜、箱、桌、床等家具。但这种家具用料多，又难适应大工业的生产，故在现代家具制作中正逐步为其他结构形式的家具所代替。

2. **板式家具** 指用不同规格的板材，通过胶粘结或五金构件连接而成的家具，特点是结构简单、节约材料、组合灵活、外观简洁、造型新颖、富有时代感，而且节约木材，便于自动化、机械化的生产（图6-13）。

3. **折叠家具** 指一种具有灵活性的家具，这种家具可使用时打开，不用时收拢。其特点是轻巧、灵活，便于存放、运输（图6-14）。

4. **充气家具** 指以密封性能好的材料灌充气体，并按一定的使用要求制作而成的家具。其特点是重量轻、用材少，给人以透明、新颖的印象。

5. **浇注家具** 主要指用各种硬质塑料与发泡塑料，通过特制的模具浇铸出来的家具。其中硬质塑料家具多以聚乙烯和玻璃纤维增强塑料为原料，其特点是质轻、光洁、色彩丰富、成型自由、加工方便，最适于制作小型桌椅。

（四）按使用特点分类，主要可分为配套、组合、多用与固定家具等类型

1. **配套家具** 指为满足某种使用要求而专门设计制作的成套家具。配套家具的风格统一，色彩及细部装饰配件相同或相近，给人以整体、和谐的美感。

2. **组合家具** 指由若干个标准的家具单元或部件拼装组合而成的家具。具有拼装的灵活性和多变性，可以构成不同的形式，适合不同的需求（图6-15）。

3. **多用家具** 指具备两种或两种以上使用功能的同种家具。它能充分发挥家具的使用功效，减少室内家具的品种和数量，节约空间。

4. **固定家具** 指与建筑物构成一体的家具，常用于居住建筑室内环境中的壁柜、吊柜、搁板等，部分固定家具还兼有分隔空间的功能，更重要的是可以实现家具与建筑的同步设计与施工（图6-16）。

图 6-13 板式家具结构的储衣柜，结构合理，使用空间更多更方便

图 6-14 通过折叠来变换功能的家具，是一个为有小孩的现代家庭精心打造的完美方案，不仅有着新鲜、直接、聪明的点子，而且切实符合日常生活的各项需求。作品中着重于表现精心的做工、耐久性、实用性和清晰感，而环保和持久是设计理念中十分重要的元素

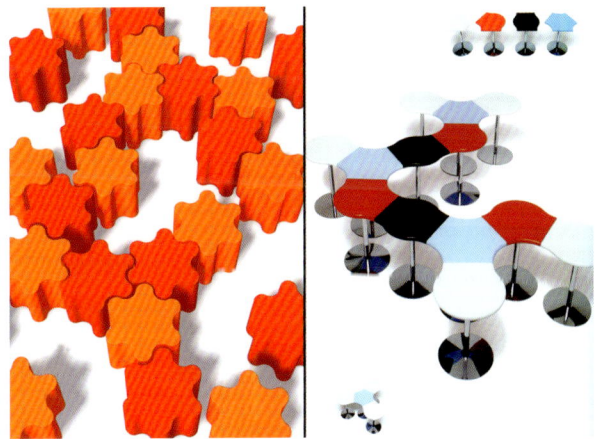

图 6-15 既可以单独使用，又可以拼接成任意大小规模的花形坐具和桌子，构思巧妙，妙趣横生

图6-16　这个吧台是在装修房子的时候就设计建造好的，它与墙体连成一体

图6-17　造型优雅的沙发不仅满足舒适要求，别具特色的线条和色彩安排，更是充满时尚艺术之美

五、室内家具的配置

在室内设计中选择和布置的家具，首先应满足人们的使用要求；其次要使家具美观耐看，即需按照形式美的法则来选择家具的尺度、比例、色彩、质地与装饰等，而款式与风格就要按室内环境与使用者的总体要求来考虑；同时，还需了解家具的制作与安装工艺，以方便使用者能根据家具布置的需要自己进行摆放与调整。

（一）确定家具的种类和数量

家具数量的多少，要根据空间使用要求和面积大小决定，在满足基本功能要求的前提下，家具的布置宁少勿多、宁简勿繁，从而留出较多的空地，以免给人以拥挤不堪和杂乱无章的印象。

（二）选择合适的款式

在选用家具的款式时应讲实效、求方便、重效益，应注意与环境的统一。此外，空间的性格与家具款式也密切相连，例如在大型建筑内部空间休息厅的休息座椅、沙发等家具，其款式的选择应舒适气派，并能与环境相适应；而交通建筑，如机场、车站的候机、候车大厅的家具，其款式的选择则应简洁、实用，并便于清洁。

（三）选择合适的风格

家具的配置风格是造型、质地、色彩、尺度、比例反映出来的总特征，对形成环境气氛、表现特定意境至关重要，如豪华富丽、端庄典雅、奇特新颖、乡土气息等。从设计来看，家具的风格、造型应有利于加强环境气氛的营造（图6-17）。

（四）确定合适的格局

家具布置的格局即家具在建筑室内空间配置的结构形式，其实质就是构图问题。

1. 家具在室内空间的配置形式

（1）规则式　多表现为对称式，有明显的轴线，特点是严肃和庄重，常用于会议厅、接待厅和宴会厅，主要家具成圆形、方形、矩形或马蹄形。

（2）不规则式　其特点是不对称，没有明显的轴线，气氛自由、活泼、富于变化，常用于休息室、起居室、活动室等处。这种格局在现代建筑中最常见，因它随和、亲切，更适合现代生活的要求。

2. 家具在室内空间的布置格局 在室内空间中不论采取哪种格局布置家具，都要符合空间构图美的法则，应注意有主有次、有聚有散。空间较小时，宜聚不宜散；空间较大时，宜散不宜聚。在设计实践中，常常采用下列做法。

（1）以室内空间中的设备或主要家具为中心，其他家具分散布置在它们的周围，例如在起居室内就可以壁炉或组合装饰柜为中心布置家具。

（2）以某类核心家具为中心来布置其他的家具，例如在餐厅就以餐桌为中心，在办公室就以办公桌为中心布置家具。

（3）根据功能和构图要求把主要家具分为若干组，使各组间的关系符合分聚得当、主次分明的原则。

第二节　陈设艺术

陈设是指建筑物室内除固定于墙、地、顶面的建筑构件、设备外的一切实用或专供观赏的物品。设置陈设的主要目的是装饰室内空间，进而烘托和加强环境气氛，以满足精神功能的要求；同时，也有相当部分的陈设具有实际使用功能。

一、室内陈设的类型

（一）实用性陈设
指本身除供观赏外，还具有很强的实际使用功能的物品。这类实用物品在满足功能要求的前提下，十分注重形状、色彩与材质上的要求。例如：器皿、书籍、音乐器材、屏风、书桌案头的文房四宝、靠垫等，只要善于安排，巧于布置，都可成为室内环境中既有实用价值又具点缀装饰作用的陈设物品（图6-18）。

（二）装饰性陈设
指本身的实用价值甚少、主要供观赏用的陈设品，诸如书画雕刻、古玩等。这类陈设品大都具有浓厚的艺术气息及强烈的装饰效果，或具有深刻的精神意义及特殊的纪念作用，别具风格、耐人寻味（图6-19）。

二、室内陈设品的选择
1. **陈设品的风格** 选择与室内风格相统一的陈设品是较为常规的应用手法，可以使室内风格更加鲜明得体。假若室内的风格特征较为薄弱且不明显，则可在整体统一的前提下，选取一些造型、色彩、质感等均较为强烈的陈设品，在融洽之中求得适度变化的视觉效果（图6-20）。

2. **陈设品的形状与大小** 除考虑陈设品自身的形状大小外，还需考虑与所处环境的协调一致，加强与背景之间的对比，会取得强烈而生动的效果；但对比过分强烈时，则必须采取降低数量、减小尺寸、缩小面积和体积的办法来予以调整，以免喧宾夺主、杂乱无章（图6-21）。

3. **陈设品的色彩** 一般情况下，陈设品的色彩经常会作为整个室内色彩设计中的重点色彩来加以处理（除非室内色彩非常丰富或室内空间十分狭小），这样能取得生动强烈的视觉效果。但是陈设品色彩过分突出，会产生零乱生硬的感觉，色彩的选择绝不能失去和谐的基础（图6-22）。

4. **陈设品的材质** 陈设品种类繁多，用材十分复杂，肌理特征各不相同。在布置时，同一空间内宜选用材质相同或相似的陈设品，而陈列的背景则宜选用对比的处理方式，以形成统一中又有对比的视觉效果。

图 6-18　蓝色的靠枕、茶几、花瓶、地毯，给素雅的空间带来一丝鲜亮与生机

图 6-19　近处的明清家具、织锦靠垫、雕花台灯与远处的窗棂构件相互辉映，中式元素与现代材质巧妙结合，体现了浓郁的东方之美

图 6-20　陈设品的选择应遵循家具与室内设计的整体气质，力求材质、色彩、风格上完美和谐

图 6-21　斜插花瓶的两枝腊梅，既不影响圆洞后面的景观，又丰富了整个视觉画面的层次，可谓恰到好处

图6-22 用不同色彩的树脂制成的时钟"时间，它是一种变化"，是设计师对于时间哲学的又一次考量和思索，而对于室内装饰品的使用无疑也是有了更多的选择

三、室内陈设的布置原则

1. **构图要求** 陈设品的布置要保证空间的视觉平衡，对称式的构图布置常具有明显的轴线，有庄重、严肃和稳定的特性，常应用在会议厅、宴会厅和我国传统建筑中厅堂的陈设布置（图6-23）。相反，不对称的构图布置则显得轻松活泼，常运用在比较自由随意的场所，但也必须满足空间视觉的平衡。

2. **构景要求** 大部分的陈设布置主要是为了满足视觉感受的精神功能要求，因此，在陈设布置时，要做到物得其所，应该设置在适当的和必要的地点或场所，满足构景的要求（图6-24）。

3. **功能要求** 在满足视觉效果的同时，对一些具有实用价值的陈设物件，还得满足它们使用时的功能要求。如茶具、餐具等日用器皿，不宜放置在太高或太低的地方。

4. **动态要求** 室内陈设的布置不能杂乱无章，但是也忌排列呆板，而应该排列有致，高低错位，主次分明。室内陈设应遵循"贵活变"的原则，随季随性随时予以增减变换，不断注入新内容、新含义，产生新意境、新韵味，从而激发起人们的新感受。

四、界面陈设设置

（一）墙面装饰

墙面装饰指悬挂于墙面或安置在墙体的装饰物的陈列。

图6-23 新中式风格的特点之一：对称美学，如艺术品的摆放、窗棂的布局等都常采用对称形式，使人们感受到有序、庄重、整齐、和谐之美

图6-24 壁画与黑色的金属装饰花盆，干枝装饰支架相得益彰，体现出浓郁的度假村民族风情

图6-25 多彩的灯具与陈设织物，给简洁白亮的居室增添了生活情趣，壁面装饰画非规整的摆放，彰显了年轻朝气的主人性情

这类陈设的布置首先选择较为宽整、适于观赏的墙面位置，还须注意物件的大小和数量是否与墙面的空白、邻近的家具及其他陈设品有良好的比例关系，对构图要求亦须认真推敲。同时，在墙面陈设中陈列的方向亦有讲究。相同数量的一组绘画作品，作水平排列时，容易获得安定平静的效果；作垂直排列时，则易取得上升激动的效果。此外，若墙面陈设品的数量较多，大小迥异，题材和风格较为复杂，则必须注意加强整体效果，尤其对大小面积的配置及色彩分配等，更必须搭配调整恰当，避免零乱混淆，以取得完整协调的视觉效果（图6-25）。

（二）空间悬饰

在垂直空间悬挂不同的饰物，能减少竖向室内空间空旷的感觉，还能烘托室内的气氛。这些悬挂物件均应以不妨碍、不占据活动空间为原则，一般经常垂挂在水平家具的上方或共享空间等的上部空间中，对室内空间气氛的形成和增强具有十分重要的作用（图6-26）。

（三）桌面陈设

桌面陈设是陈设品摆放最多选择的地方，桌面的陈设布置原则和墙面装饰大体相同，最大的差别是桌面的陈设布置必须兼顾日常生活活动的要求，并应有更多的活动支配空间，不可五花八门、杂乱无章。桌面陈设必须在井然有序中求取适当变化，在和谐统一之中寻求自然的节奏。

（四）橱架展示

橱架的陈列常兼有展示和储藏的作用，它适于单独或综合地陈列数量较多的书籍、古玩、工艺品、纪念品、玩具等。橱架的形式可以多种多样，如陈列橱、摆设橱、博古架、壁架等，

图6-26 灯具与酒架设计的一体化，使玻璃器皿有序
排列成为室内一道亮丽的景观

图6-27 造型简朴的"博古架"，放置了漆器、陶瓷等工艺品，加以灯光渲染，展现出中式家
居的层次之美，大而不空、厚而不重，有格调又不显压抑

但以造型色彩单纯简朴为好。橱架陈设品的数量以较少为宜，以便布置时不致给人过分拥挤和
堆砌的感觉（图6-27）。

（五）落地陈设

落地陈设一般设置在较大的室内空间中，体量有时亦较大，如室内雕塑、大型艺术品（石
雕、木雕、金属陈设、落地花瓶等）、屏风等。它们的布置除要满足使用要求和造景外，还要不
妨碍人们在室内的活动（图6-28）。

五、室内绿化陈设

室内绿化是指在人为控制的室内空间环境中，科学地、艺术地将自然界的植物、山水等有
关素材引入室内，创造出既充满自然风情和美感，又满足人们生理和心理需要的空间环境。

室内绿化的作用除了生态功能和观赏功能外，还具空间组织与联系功能。

（1）可以利用绿化对空间进行分隔。

（2）联系引导空间。使室内空间相互之间的过渡和连接变得更加亲切和自然，更能体现空
间的整体效果。

（3）协调空间环境的气氛。一方面是室内绿化本身的魅力，使环境更为清净优雅，生机勃
勃；另一方面，室内装饰通过绿化使原来过于简洁、过于硬冷或过于热闹的空间环境得以柔化，
起到丰富空间和降低视觉疲劳的效果（图6-29）。

（4）标识功能。在空间的起始点、转折点、中枢关节点等处安排绿化，可以起到引起人们
注意的提示作用，使标识的设计手法更为艺术化和人性化。

图6-28 古色古香的落地屏风、造型优美的荷花灯，无疑是整个居室空间中的一个亮点

图6-29 独立式住宅掩映在绿意之中，水院设计无疑成为匠心之作，蓝色瓷砖闪耀在清波之下，一棵鸡蛋树立于中央。庭院、绿树将建筑点亮，野芳发而幽香，佳木秀而繁阴

　　室内绿化的布置方式要处理好重点与辅助的关系，在空间上要处理好与家具和其他陈设的位置关系，选配要遵守以下原则。

　　（1）根据美学的原则选配　做到色彩调和、比例适度、均衡布局。

　　（2）根据室内环境条件选配　主要需要考虑的是室内的温度、光照和空气湿度，它们是室内绿化能否良好生长的物质基础。

　　（3）根据不同的功能空间选配　室内空间大部分都是具有功能性的，室内绿化的选配必须以不影响空间功能的发挥为前提，尽可能运用自然要素来组织空间，提高空间的功能价值和环境品质。

第七章

人体工程学与室内设计

人体工程学，是以人的心理学、解剖学和生理学为基础，综合多种学科研究人与环境的各种关系，使得生产器具、生活器具、工作环境、生活环境与人体功能相适应的一门综合性科学。

室内设计需要考虑更多的人、物和环境的关系，要使建筑空间更好地为人所用，就要懂得人的生理特点和心理及行为的要求；要使环境舒适，就要懂得人的知觉特性；要使家具和设备使用方便，就要了解人体及活动时的各种结构尺寸和功能尺寸；要使建筑形态符合人的审美要求，就要懂得人的视觉特征，以及人和环境交互作用的特点。人体工程学强调从人自身出发，以人为主体研究相关的室内外环境，创造更加协调的人与物、人与环境的关系（图7-1~图7-3）。

室内设计的最终目的是为人创造良好的、符合人类生存活动需要的室内空间环境，那么人的环境行为是设计师在进行室内设计时必须考虑的重点之一，人的环境行为特征在室内空间创造、功能区域划分和陈设布置时具有指导性的意义。

那么什么是人的环境行为呢？人和环境的交互作用表现为刺激和效应，效应必须满足人的需要，需要反映为人在刺激后的心理活动的外在表现和活动空间状态的推移，这就是人的环境行为。从环境行为的定义当中我们可以发现，环境行为有两个最重要的组成部分——外在表现的身体活动和内在的心理活动，而这两类活动与人体工程学和环境心理学有着密切的关系。

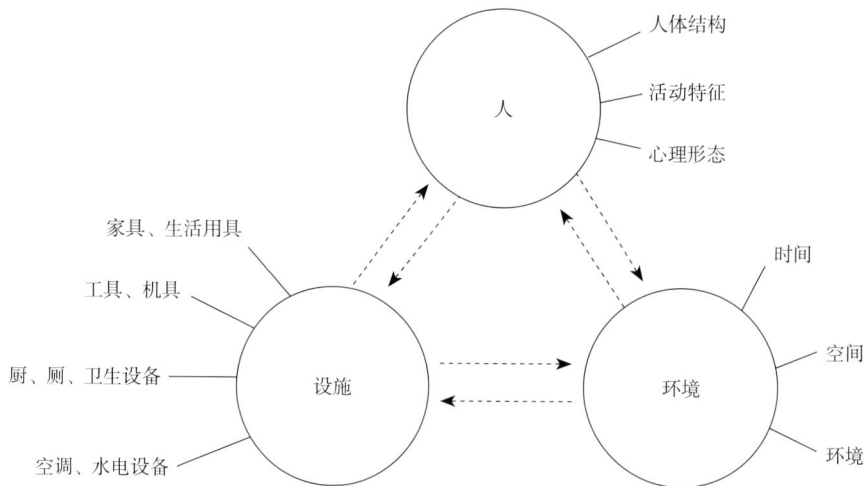

图 7-1 "人—机—环境"的相互关系

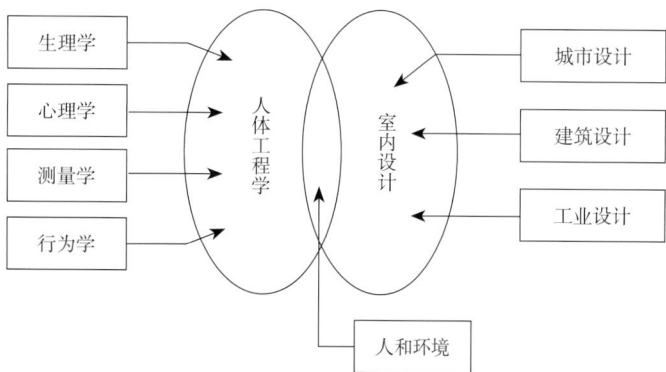

图 7-2 人体工程学与室内设计的关系

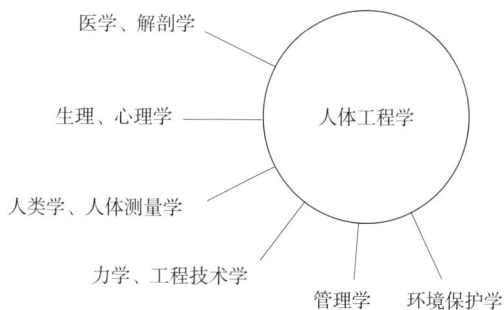

图 7-3 人体工程学与相关学科的关系

第一节　生理学与室内设计

与室内设计关系较密切的生理学基本知识涉及人体感觉系统、血液循环系统和运动系统。

一、感觉系统与室内设计

人体的感觉系统由神经系统和感觉器官组成。了解神经系统才能知道心理活动发生的过程，了解感觉器官才能懂得刺激与效应发生的生理基础。神经系统分为中枢神经系统和周围神经系统。人体的感觉器官分内、外感官。与室内设计关系密切的主要是外感官，即眼、耳、鼻、口、皮肤等。当外部环境的各种因素刺激人体的感觉器官时，通过神经系统，则产生各种感觉，如视觉、听觉、嗅觉、味觉、肤觉，知道各种知觉特性，才能做出适合人体需要的室内设计。

二、血液循环系统与室内设计

人体的血液循环系统由心脏和血管组成。整个血液循环系统分大循环（即体循环）、中循环（即肺循环）和微循环三个部分，它是人体营养的输送线和"通信网"。保障血液循环系统畅通无阻，是室内家具设备和建筑细部空间尺度设计的准则。如果我们使用的家具尺度不合理，如桌椅面太高，脚不着地，坐久了下肢血液循环受阻，腿脚则会麻木。人体的血液循环是抗重力循环，头是"散热器"，脚是"吸热器"，如果室内地面材料的蓄热系数太小，如水泥或石材地面，生活久了，对人体下肢血液循环是不利的。夏季制冷或通风，其风口位置最好在高处，避免出风直对头部。人体的血液循环是一个振荡过程，故室内温度和湿度不宜停留在一个恒定的水平上，要保持一定的温湿差，才能保障人体健康。

三、运动系统与室内设计

人体运动系统由骨骼、关节和肌肉组成，这造就了人体特定的空间形态，也维持了人体内力和重力平衡的规律，以及在日常生活和工作中的各种姿态。与室内设计关系最密切的主要是人体静态姿势（图7-4），由于人体姿势不同，人体内力和重力传递的路线也不同（图7-5）。当人体处于弯姿时，重力则使脊柱处受弯，如常期处于弯曲状态，则脊柱会产生变形，故我们在确定家具、设备及扶手、拉手等空间尺度时，要尽可能减少人体受弯和非正常状态的姿势，保障人体健康。

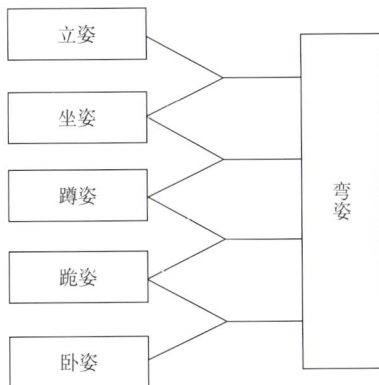

图 7-4　人体静态姿势

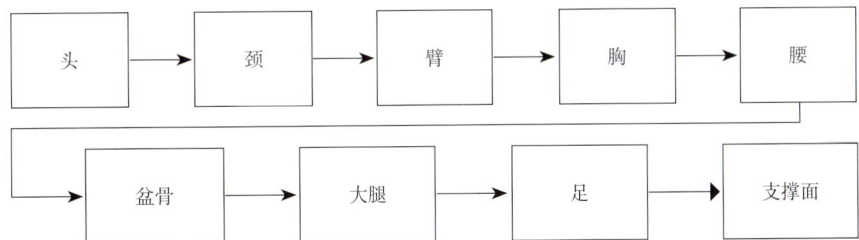

图 7-5　人体重力传递示意图

四、人体测量与室内设计

人体工程学中最为重要的基本元素是人体的基本数据，该学科所进行的所有研究都必须基于这些基本数据。一般来说，人体基础数据主要有以下三个方面，即人体构造、人体尺度及人体的动作域等的相关数据。

人体测量是通过测量人体各部位的尺寸，来确定个人之间和群体之间在人体尺寸上的差别。影响人体尺寸的因素很多，主要有种族、地区、性别、年龄、环境等。随着时间和空间的变化，人体尺寸也在慢慢地变化。每个人的身高、体重、体形、肢体长度等数据都不尽相同，而这些人体尺度又是研究人体工程学的最基本依据之一。为了能够对设计起到实质的指导作用，一般将人体尺度取平均值（表7-1、表7-2）。

表 7-1　　　　　　　　　1962年发表的世界人口的差异统计表

人种	身高（mm）	体重（kg）
芬兰	1710	70.0
美国军人	1739	70.2
冰岛	1736	68.1
法国	1725	67.0
英格兰	1663	64.5
西西里	1691	65.0
摩洛哥	1689	63.8
苏格兰	1704	61.8
突尼斯	1734	62.3
巴伯斯	1698	59.5
黑人		
扬巴沙	1690	62.0
科迪	1665	57.3
巴亚	1630	53.9
巴图兹	1760	57.0
奇谷	1645	51.9
比基米斯	1442	39.9
埃夫	1438	39.8
布什曼	1558	40.4
黄种人		
土耳其	1631	69.7
爱斯基摩人	1612	62.9
中国北部	1680	61.0
朝鲜	1611	55.5
中国中部	1630	54.7
日本	1609	53.0
苏丹	1598	51.0
香港	1662	52.2

表 7-2 　　　　　　　　　　　　　我国不同地区人体各部分平均尺寸（mm）

编号	部位	较高人体地区（冀、鲁、辽）		中等人体地区（长江三角洲）		较低人体地区（四川）	
		男	女	男	女	男	女
A	人体高度	1690	1580	1670	1560	1630	1530
B	肩宽度	420	387	415	397	414	385
C	肩峰至头顶高度	293	285	291	282	285	269
D	正立时眼的高度	1513	1474	1547	1443	1512	1420
E	正坐时眼的高度	1203	1140	1181	1110	1144	1078
F	胸廓前后径	200	200	201	203	205	220
G	上臂长度	308	291	310	293	307	289
H	前臂长度	238	220	238	220	245	220
I	手长度	196	184	192	178	190	178
J	肩峰高度	1397	1295	1379	1278	1345	1261
K	1/2上骼展开长度	869	795	843	787	848	791
L	上身高长	600	561	586	546	565	524
M	臀部宽度	307	307	309	319	311	320
N	肚脐高度	992	948	983	925	980	920
O	指尖到地面高度	633	612	616	590	606	575
P	上腿长度	415	395	409	379	403	378
Q	下腿长度	397	373	392	369	391	365
R	脚高度	68	63	68	67	67	65
S	坐高	893	846	877	825	350	793
T	腓骨头高度	414	390	407	328	402	382
U	大腿水平长度	450	435	445	425	443	422
V	肘下尺寸	243	240	239	230	220	216

人体测量的主要内容有四个方面：人体构造尺寸、人体功能尺寸、人体重量和推拉力。

人体构造尺寸（即人体结构尺寸）是指人体静态尺寸。它包括头、躯干、四肢等在标准状态下测得的尺寸。

人体功能尺寸是指人体动态尺寸，这是人体活动时所测得的尺寸，由于行为目的不同，人体活动状态不同，故测得的各种功能尺寸也不同。要精确测量其尺寸是困难的，但根据人在室内活动范围的基本规律，也可以测得其主要功能尺寸。测量的方法主要有四种：丈量法、摄像法、问卷法、自动控制或遥感测试法（图7-6、图7-7）。

人体重量和推拉力则因人而异。

根据人类工程学中的有关数据，可以确定人在室内活动所需要的空间大小和尺度，从而确定家具、设施的形体、尺度和使用时所需空间（图7-8）。

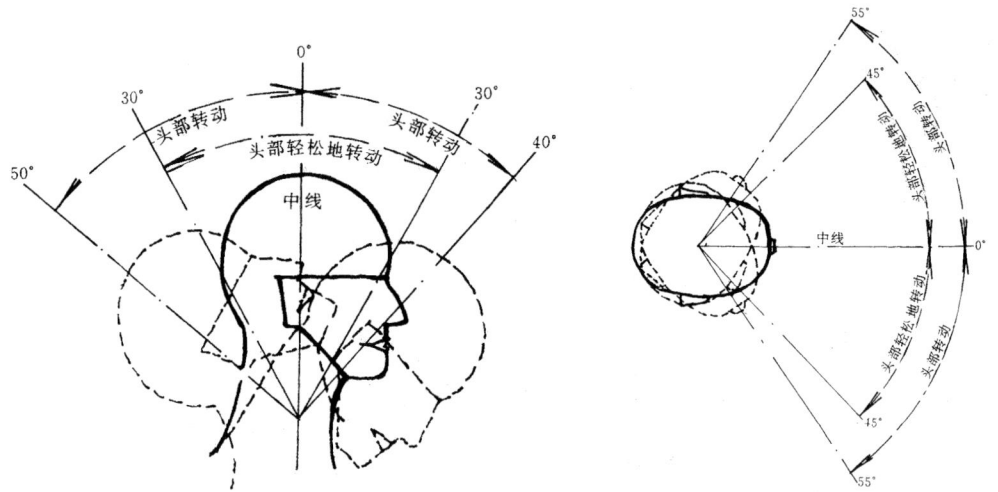

（a）头部在垂直面内的动作　　　　　　　　　　　（b）头部在水平面内的动作

图 7-6　头部的运动角度

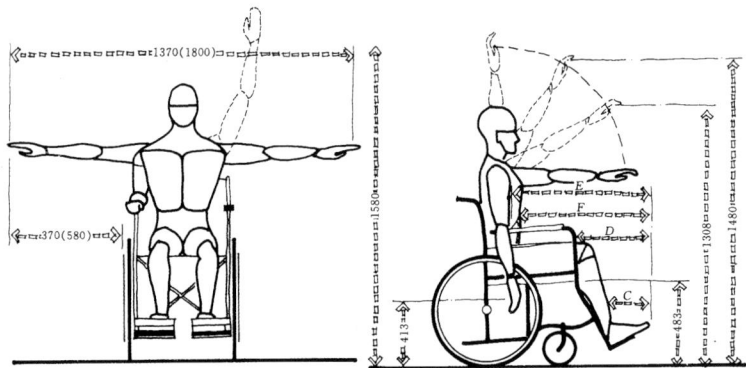

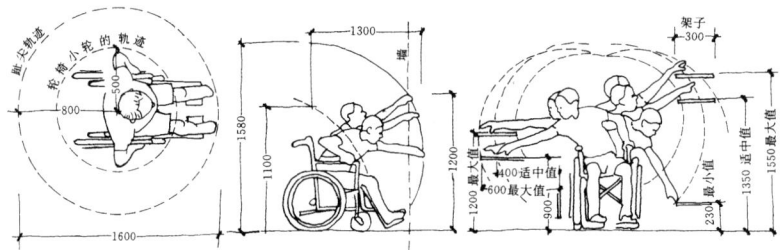

图 7-7　坐轮椅者的人体尺度及活动范围

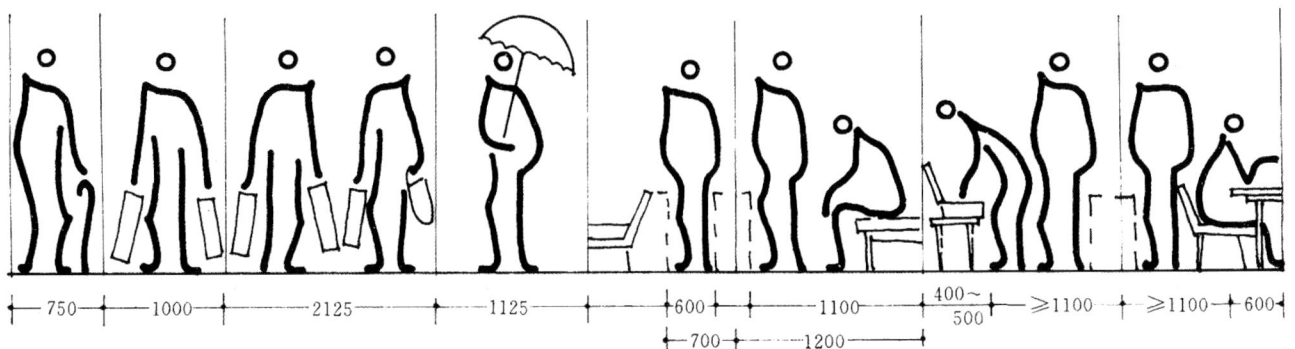

图 7-8　人体尺度及动作域决定通道的最小宽度

第二节　环境心理学与室内设计

环境心理学的研究是以心理学的方法对环境进行探讨，以人为本，从人的心理特征的角度出发来考虑研究环境问题，从而使我们对人与环境的关系、对怎样创造室内人工环境，产生新的、深刻的正确认识。

一、环境心理学含义与基本研究内容

环境心理学（Environmental Psychology）是研究环境与人的行为之问相互关系的学科，它着重从心理学和行为的角度，探讨人与环境的最优化关系，即怎样的环境是最符合人们心愿的。它的内容涉及医学、心理学、社会学、人类学、生态学、环境保护学，以及城巾规划学、建筑学、室内环境学等诸多学科。

环境心理学重视生活在人工环境中的人们的心理倾向问题，把选择环境与创建环境相结合，着重对下列问题进行研究。

（1）环境和行为的关系。

（2）如何进行环境的认知。

（3）环境和空间的利用。

（4）如何体验和评价环境。

（5）在特定环境中人的行为和感觉。

二、室内环境中人的心理与行为

室内环境中人的心理与行为尽管存在个体之间的差异，但从总体上分析仍然具有一定的共性，仍然具有以相同或类似的方式做出反应的特点，而这恰恰也正是我们进行设计的基础依据。

（一）个人空间、领域性与人际距离

在公共场所中，一般人不愿意夹坐在两个陌生人中间，公园长椅上坐着的两个陌生人之间会自然地保持一定的距离，心理学家针对这一类现象，提出了"个人空间"的概念。研究者们普遍认为，个人空间像一个围绕着人体的看不见的气泡，这一气泡会随着人体的移动而移动，依据个人所意识到的不同情境而胀缩，是个人心理上所需要的最小的空间范围，他人对这一空间的侵犯与干扰会引起个人的焦虑与不安。

领域性原来指的是动物在环境中为取得食物、繁衍生息等所采取的一种适应生存的行为方式。对于人来说，领域性是个人或群体为满足某种需要，拥有或占用一个场所或一个区域，并对其加以人格化和防卫的行为模式。人与动物尽管在语言表达、理性思考、意志决策与社会性等方面有本质的区别，但人在室内环境中进行各种活动时，也总是力求其活动不被外界干扰或妨碍。不同的活动有其必需的生理和心理范围与领域，人们不希望轻易地被外来的人与物（指非本人意愿、非从事活动必需参与的人与物）所打破。

室内环境中的个人空间常常需要与人际交流、接触时所需的距离一起进行通盘考虑。人际接触根据不同的接触对象和不同的场合，在距离上各有差异，可分为密切距离、个人距离、社会距离和公众距离四大类。每类距离中，根据不同的行为性质再分为近区与远区（表7-3）。但由于受到不同民族、宗教、性别、职业和文化程度等因素的影响，人际距离的表现也会有些差异。

表 7-3	人际距离和行为特征（单位：mm）
密切距离 0~45	近区0~15，亲密、嗅觉、辐射热有感觉 远区15~45，可与对方接触握手
个体距离 45~120	近区45~75，促膝交谈，仍可与对方接触 远区75~120，清楚地看到细微表情的交谈
社会距离 120~360	近区120~210，社会交往，同事相处 远区210~360，交往不密切的社会距离
公众距离 >360	近区360~750，自然语言的讲课，小型报告会 远区>750，借助姿势和扩音器的讲演

（二）私密性与尽端趋向

如果说领域性主要讨论的是有关空间范围的问题，那么私密性更多涉及的是在相应的空间范围内人的视线、声音等方面的隔绝要求。私密性在居住类的室内空间中要求尤为突出。

日常生活中人们会非常明显地观察到，集体宿舍里先进入宿舍的人，如果允许自己挑选床位的话，他们总是愿意挑选在房间尽端的床铺，而不愿意选择离门近的床铺，这可能是出于生活、就寝时能相对较少地受干扰的考虑（图7-9、图7-10）。

（三）依托的安全感

在室内空间中活动的人们，从心理感受上来说，并不是空间越开阔、越宽广越好，人们通常在大型室内空间中更愿意靠近能让人感觉有所"依托"的物体。在火车站和地铁车站的候车厅或站台上，如果仔细观察，我们会发现，在没有休息座位的情况下，人们并不是较多地停留在最容易上车的地方，而是更愿意待在柱子边上，人群相对散落地汇集在候车厅内、站台上的柱子附近，适当地与人流通道保持距离。在柱边人们感到有了"依托"，更具安全感（图7-11）。

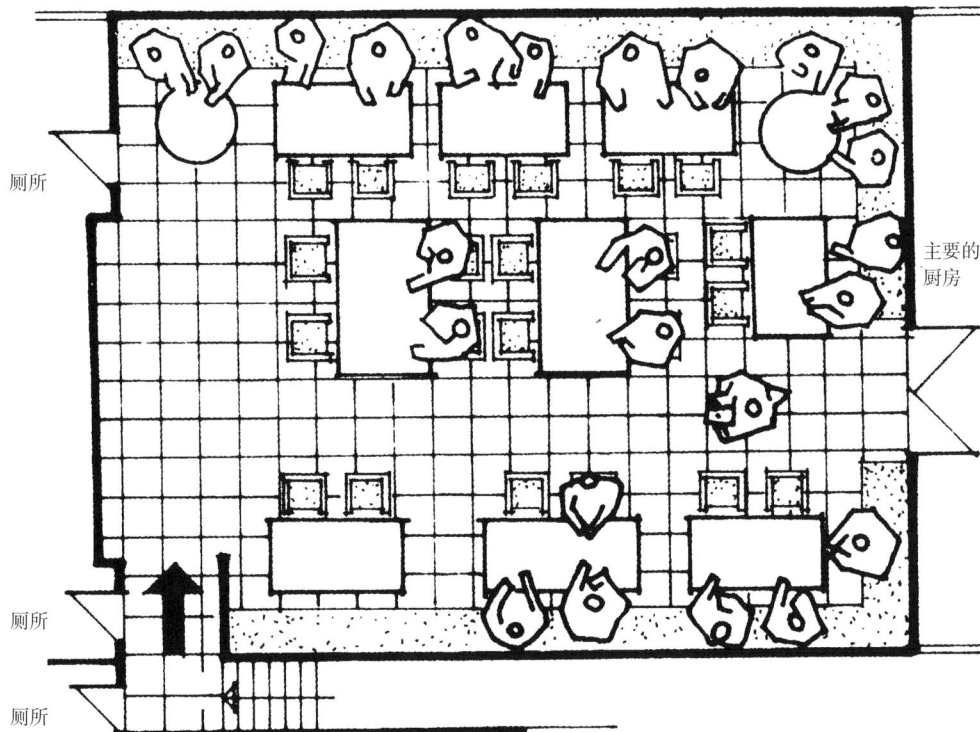

图 7-9　同样的情况也可见于餐厅中就餐者对餐桌座位的挑选，相对来说人们最不愿意选择近门处及人流频繁通过处的座位

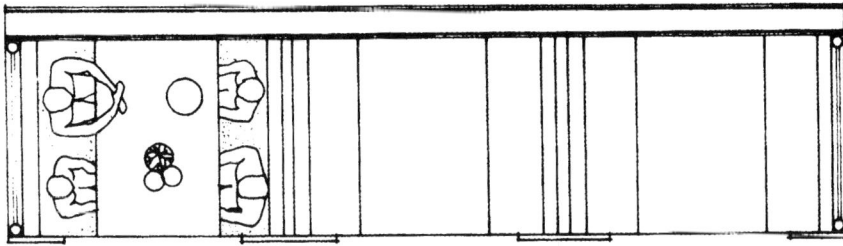

图7-10 餐厅中靠墙卡座的设置，由于在室内空间中形成受干扰较少的"尽端"，更符合客人就餐时"尽端趋向"的心理要求，所以很受客人欢迎

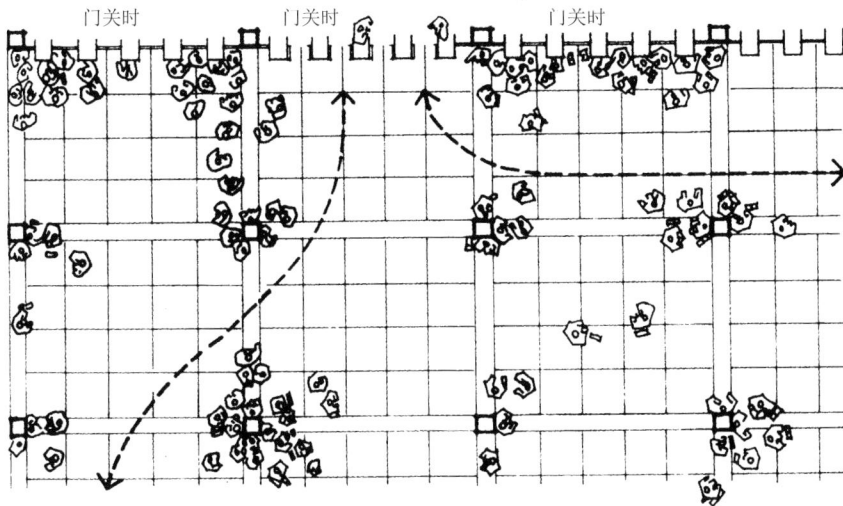

图7-11 大阪大学的学者在一个日本铁路车站候车厅内，根据调查实测所绘制的人们候车的位置图

（四）从众与趋光心理

从一些公共场所（商场、车站等）内发生的非常事故中观察到，紧急情况时人们往往会无心注视标识，盲目跟从人群中领头的几个急速跑动的人的去向，形成整个人群的流向。另外，人们在室内空间中流动时，具有从暗处往较明亮处流动的趋向，紧急情况时语音的提示引导会优于文字的引导。这些心理和行为现象提示设计者在创造公共场所室内环境时，首先要注意空间与照明等的导向，标识与文字的引导固然也很重要，但从发生紧急情况时人的心理与行为来看，对空间、照明、音响等更需要予以高度重视。

（五）好奇心理

好奇心理是人类普遍具有的一种心理状态，能够导致相应的行为。尤其是其中探索新环境的行为，对于室内设计具有很重要的影响。如果室内环境设计能够别出心裁，诱发人们的好奇心，不但可以满足人们的心理需要，而且还能加深人们对该室内环境的印象。对于商业空间来说，好奇心理则有利于吸引新老顾客。同时，由于探索新环境的行为可以导致人们在室内行进和停留时间的延长，就有利于出现商场经营者所希望发生的诸如选物、购物等行为。不规则性、重复性、多样性、复杂性和新奇性等五个因素比较容易诱发人们的好奇心理。

1. **不规则性** 不规则性主要指的是空间布局的不规则，设计者一般用对结构没有影响的物体（如柜台、绿化、家具、织物等）来进行不规则的布置，以打破结构构件的规则布局，造成活泼感（图7-12）。

2. **重复性** 重复性并不仅仅指建筑材料或装饰材料数目的增多，而且也指事物本身重复出现的次数。当事物的数目不多或出现的次数不多时，往往不会引起人们的注意，容易一晃而过，

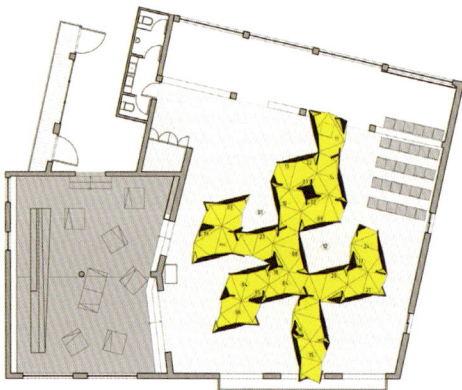

图7-12a 上海月球临时商店，一个模块化的系统设计

图7-12b 把这些模块放进一个空间结构形成它的标准形象，它们是一块块非常尖锐的几何形状，闪亮黑色外表面与柔和的黄色内表面形成鲜明对比。游客在缺乏任何笛卡尔参考的情形下在其内部通过一个非常具体的方式移动，以此来引发人类的行为，以此来适应失重状态

只有事物反复出现，才容易被人注意和引起好奇。室内设计师常常利用大量相同的构件（如柜台、货架、桌椅、照明灯具、地面铺装等）来加强吸引力。

3. **多样性** 多样性是指形状或形体的多样性，另外也指处理方式的多种多样，还可以通过灯光照明的色彩，构成丰富多彩、多种多样的室内形象。

4. **复杂性** 运用事物的复杂性来增加人们的好奇心理是设计的一种常见手法，特别是进入后工业社会以后，人们对于千篇一律、缺少人情味的大量机器生产的产品日益感到厌倦和不满，希望设计师们能创造出变化多端、丰富多彩的空间来满足人们不断变化的需要。复杂性可以具体表现为以下四种情况。

（1）复杂的平面和空间形式（图7-13）。

（2）运用隔断、家具等对空间进行再次限定，形成一种复杂的空间效果（图7-14）。

（3）通过某一母题在平面和立体上的巧妙运用，再配以绿化、家具等的布置从而产生复杂的空间效果。

（4）把不同时期、不同风格的物品罗列在一起，造成复杂的视觉感受，以引起人们的好奇。

5. **新奇性** 新奇性指的是新颖奇特、出人意料、与众不同和令人耳目一新（图7-15）。

（1）室内环境的整个空间造型或空间效果与众不同。

（2）把一些常见事物的尺寸放大或缩小，使人觉得新鲜好奇。

（3）运用一些形状比较奇特新颖的雕塑、装饰品、图像和景物等来诱发人们的好奇心理。

另外，诸如光线、照明、特殊装饰材料，甚至特有的声音和气味等，也都常常被用来激发人们的好奇心理。在室内设计中如果能够充分运用好奇心理的作用，不但有助于吸引人流，而且可以使人产生心理满足感，值得设计者重视（图7-16）。

三、环境心理学在室内设计中的运用

（一）室内环境设计应符合人们的行为模式和心理特征

不同类型的室内环境设计应该针对人们在该环境中的行为活动特点和心理需求，进行合理的构思，以适合人的行为和心理需求。例如现代大型商场的室内设计，考虑到顾客的消费行为已从单一的购物，发展为购物—游览—休闲（包括饮食）—娱乐—信息（获得商品的新信息）—服务（问讯、兑币、邮寄……）等综合行为，人们在购物时要求尽可能接近商品，亲手挑选比

图7-13 未来酒店展示样板房，设计了一个连续的流动空间，综合了各个领域的学术成就转化成为一个简单的形象。这种自由形态的表皮创造技术和人体之间互动的基本构架，结合了软硬两种材料，各功能空间进行了平稳的过渡

图7-14 Cheering restaurant餐厅，一个巨大的木质棚架限定了整个就餐区的空间形态

图7-15 奥尔巴尼娱乐中心，就像一块镶嵌在港口中心的宝石，它在水边像一块晶体结构般的雕塑矗立在那里，它就像一块钻石，随着你的移动而变幻着上面的光线，耀眼夺目

图7-16 "开盒"项目提供了一系列可能性：既是一个建筑也是三个建筑，室内可以反转到室外，功能可以局限也可以翻倍，形态可以简洁也可以复杂，既是建筑也是场地。"REOPEN"，这个开放而充满不确定性功能的盒子，塑造了一种新的广场属性，其建筑空间开合的反复状态代表了"变化"本身，也诠释了"变化"能给予深圳蛇口未来发展的多元性

较，因此，自选及开架布局的商场应运而生，而且还结合了咖啡吧、快餐厅、游戏厅甚至电影院等各种各样的功能。

（二）环境认知模式和心理行为模式对组织室内空间的提示

人们依靠感觉器官从环境中接受初始刺激，再由大脑做出相应行为反应的判断，并且对环境做出评价，因此，可以说人们对环境的认知是由感觉器官和大脑一起完成的。对人们认知环境模式的了解，结合对前文所述心理行为模式种种表现的理解，能够使设计者在组织空间、确定其尺度范围和形状、选择其光照和色彩的时候，拥有比通常单纯从使用功能、人体尺度等起始的设计依据更为深刻的提示。

（三）室内环境设计应考虑使用者的个性与环境的相互关系

环境心理学既从总体上肯定人们对外界环境的认知有相同或类似的反应，同时又十分重视作为环境使用者的人对环境设计提出的特殊要求，提倡充分理解使用者的行为、个性，在塑造具体环境时对此予以充分尊重。另外，也要注意环境对人的行为的引导，对个性的影响，甚至一定程度和意义上的制约，在设计中根据实际需要掌握合理的分寸。

第八章

室内设计的方法和程序

图 8-1　位于柏林Mitte区的一个临时售楼中心，根据空间的功能定位和建筑工地的位置，采用一些非常精致和优雅的元素，将原始（粗糙）和前卫巧妙混合在空间之中，这种共生关系使得空间的布局更加独特

图 8-2　某牛肉面馆，设计师期待透过这家新形象店来述说店主的一段历史，空间上借鉴了美国的汉堡店布局，装饰面材料又充满了中国语汇，期待透过这种碰撞给顾客提供独特有趣的用餐体验

图 8-3　某住宅的卧室和卫生间，伊斯兰风情成为设计师的创作灵感，整个住宅的各个空间因为这一主线的存在而形成了统一的整体

第一节　室内设计的方法

现代室内设计的工作方法实际上是要设计师对室内设计的含义、基本理念和设计内容有正确理解，并且要经过一些工程实践后，才能有深刻的体会和认识。室内设计的工作方法，首先是设计的思考方法，即在进行室内设计时应该如何思考，以及从哪几个方面来思考。

一、明确而可行的设计定位

进行室内环境的设计时，设计定位是必须要首先明确的。设计定位包括以下四个方面。

1. **功能定位**　不同功能的建筑空间，就会对其室内环境相应产生不同的要求，环境氛围的塑造也会不同。例如居住室内环境是恬静、温馨的；办公室内环境必须井井有条。只有在首先确定空间的功能定位的基础上，才能结合功能要求做出相适应的空间组织和平面布局设计（图8-1）。

2. **时空定位**　考虑所设计的室内环境的位置所在，在什么地区、城市还是乡镇、地域气候特点、民族生活习惯、宗教和文化习俗，以及设计空间的周围环境（左邻右舍）等，同时应该具有时代气息（图8-2）。

3. **风格定位**　结合前面的了解，设计师就可以根据用户的喜好和使用者的特点来确定方案的风格了，它是设计师艺术特性和创造个性的具体表现，设计师也只有在风格确立的前提下，才能提炼出主要的设计元素，并将之贯穿于整个设计方案，保证设计方案的统一和完整（图8-3）。

4. **标准定位**　是指室内设计、建筑装修的总投入和单方造价标准。它包括室内环境的规模、装修和装饰材料的品种，采用的设施、设备、家具、灯具、陈设品的档次等。

二、整体与局部的协调统一

室内环境设计中的环境包含着两层含义：一方面，室内环境是指包括室内空间环境、视觉环境、空气质量环境、声光热等物理环境、心理环境等许多方面，在室内设计时固然需要重视视觉环境的设计，但绝不意味着仅仅局限于视觉环境而忽略其他，因为人对室内环境是否舒适的感受总是综合的。另一方面，应该把室内设计看成自然环境—城乡环境（包括历史文脉、文化宗教等）—社区街坊环境—室内环境这一环境系列的有机组成部分，是整个系统当中的一个环节，它们相互之间有许多前后因果或相互制约和提示的因素存在。

同时，建筑室内环境内部本身的相邻空间的关系安排上，也要做到既相互独立又相互依存的密切关系，核心空

图 8-4a 台北山妍四季售楼处外景，外观建筑造型表现出明显的有机形态，强调外在体量和自然环境的融合对话，设计师根据这一特点，以装置艺术的表现手法，达到视觉与知觉的内外延伸效应

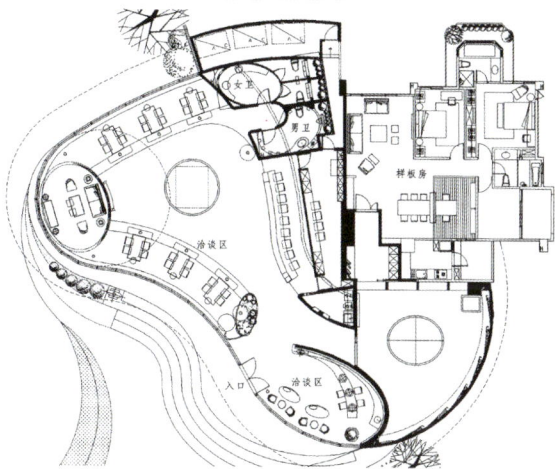

图 8-4b 从平面图可以看出，在内部的功能空间划分上，视觉感观被有机形体的界面处理所呈现出的强烈设计语汇所吸引，弧线和椭圆形的线形结构隐喻着建筑物动态的表情，以及梦想与自然环境兼容的欲望

图 8-4c 卫生间实景让我们感受到设计师的用心良苦——弧线作为设计主元素贯穿于室内的各个空间

间和外围空间要做到相互联系和相互作用，室内环境与建筑主体尽可能地做到在风格、标准上的连贯，务求设计方案的整体与局部的协调统一。

因此，现代室内设计不仅要着手于室内，更要首先着眼于"室外"。否则就会由于对整体环境缺乏必要的了解和研究，使设计的依据流于一般，设计构思局限封闭，造成设计方案相互雷同，缺乏创新和个性（图8-4）。

第二节　室内设计的程序

一、准备阶段

1. **接受委托任务书**　签订合同，或者根据标书要求参加投标。

2. **制定客户情况表**　了解委托方的具体情况。比如对于居民住宅来说，要了解家庭的人员构成、受教育程度、爱好品位、特殊要求等。房屋未来的住户是最重要的因素，是房屋功能的最终评判者。方案设计还应该包括长期目标，如果一个家庭可能在同一所住宅中计划居住数十年，设计就必须有满足住户在这期间不断变化的需求预见。

3. **明确功能目标** 明确设计目标的最终功能要求，这将影响到设计阶段诸如空间的划分要求、色彩计划的制定、材料设备的选择等所有问题，尤其是可以明确空间环境的设备需求，因为诸如管道、用电、供暖和制冷、安全设备、音频视频系统、计算机网络等是设计师必须考虑的。

4. **明确设计目标的方位和形态** 通过对目标的现场勘察，设计师必须了解设计目标的大小、空间结构、位置、地形、日照风向、视野、与街道的关系及所选场地的自然特征（如树木）等。设计师还必须了解当地的建筑法规、区域限制及具体的规范限定。这些规章会影响空间的朝向、设计类型、允许的高度、布局、建筑方法、材料及可能采取的节能措施，甚至同一区域的其他建筑或周边环境的一致性也会影响设计目标的外观和色彩的选择。

5. **了解投资方的投资预算** 资金是关系到设计方案能否顺利实施的根本保证，设计师必须严格按照投资预算来展开方案设计，否则会脱离实际。

6. **分析评估** 设计师对所收集的资料信息进行严格谨慎的分析，并将它们做出归类总结，这对下一阶段的设计工作有着指导性的意义。设计过程是一个解决问题的过程，这个过程为解决实际问题提供了多种方式，设计师应该有条理地处理所有的设计计划，以确保完善地解决所有问题。一些基本的设计概念可以作为方案数据分析的基础。这些概念包括室内区域划分和朝向、流通、储物和效率的基本原则，以及毗邻研究、通道形式和活动关系的分析。由于设计师习惯于用图形表示信息，工程的许多具体数据可以用图表表示。使用多种分析技巧的目的在于将信息分类，研究信息的相似性、形式及相互关系，从而引导设计师找出全面解决问题的正确方法。

7. **设计创意的确立和制定工作进度表** 设计创意的确立，使设计方案的各组成部分形成了有机的联系，便于设计师明确设计风格，提炼设计元素，确保了整套方案的统一性、完整性和艺术性的实现；设计方案的各个部分都是相互影响、相互关联、互为因果的，某一部分的完成进度都会影响到方案的其他阶段，甚至是工程的全局，牵一发而动全身，因此要求设计师必须制定严格的工作进度表，确保工程的顺利完成。

二、方案设计阶段

方案设计阶段是一个需要不断修改、拓展和深化之后而定型的阶段，我们可以将这一阶段划分为两个时期：前期包括构思立意、草图拓展和细化完善；后期则是设计方案的文件制作。

（一）方案设计阶段前期

1. **构思立意** 在设计的这一阶段，设计思想应该不断发展、完善并有自由的表现形式。想象力不应加以限制，却可以得到控制，这样设计师就能够创造性地解决设计中遇到的问题。跨学科的智囊团可以帮助设计师打破先入为主的观念，从不同的角度审视问题。这样做的目的是为了在不阻碍创造性灵感和思想的前提下，形成尽可能多的创意。在这一阶段，创造性研究将先前获得的数据与专业知识和经验相融合，使之完全统一，成为解决设计问题的核心理念。解决问题的方法本身并没有形成，但是指导设计师逐步完成最终设计的思想却形成了（图8-5）。

2. **草图拓展** 草图拓展其实也就是设计概念的拓展，大多数的想法或概念都可以通过图形研究形成。草图或简图可以将设计创意可视化（图8-6）。在草图中，解决设计问题的方法及确立空间的主题或特性的想法可以得到描述。设计师可以多次重画这些草图，对先前的图进行大量修改、平衡，这样可以方便在限期内确定最符合具体目标的设计方案。

3. **细化完善** 最初的实验性设计概念会被进一步定义、评估、否定或修改、改进、发展，最后留下几种可行的方法。从设计的要求和目标角度考虑这些概念后，设计主题就会产生；了

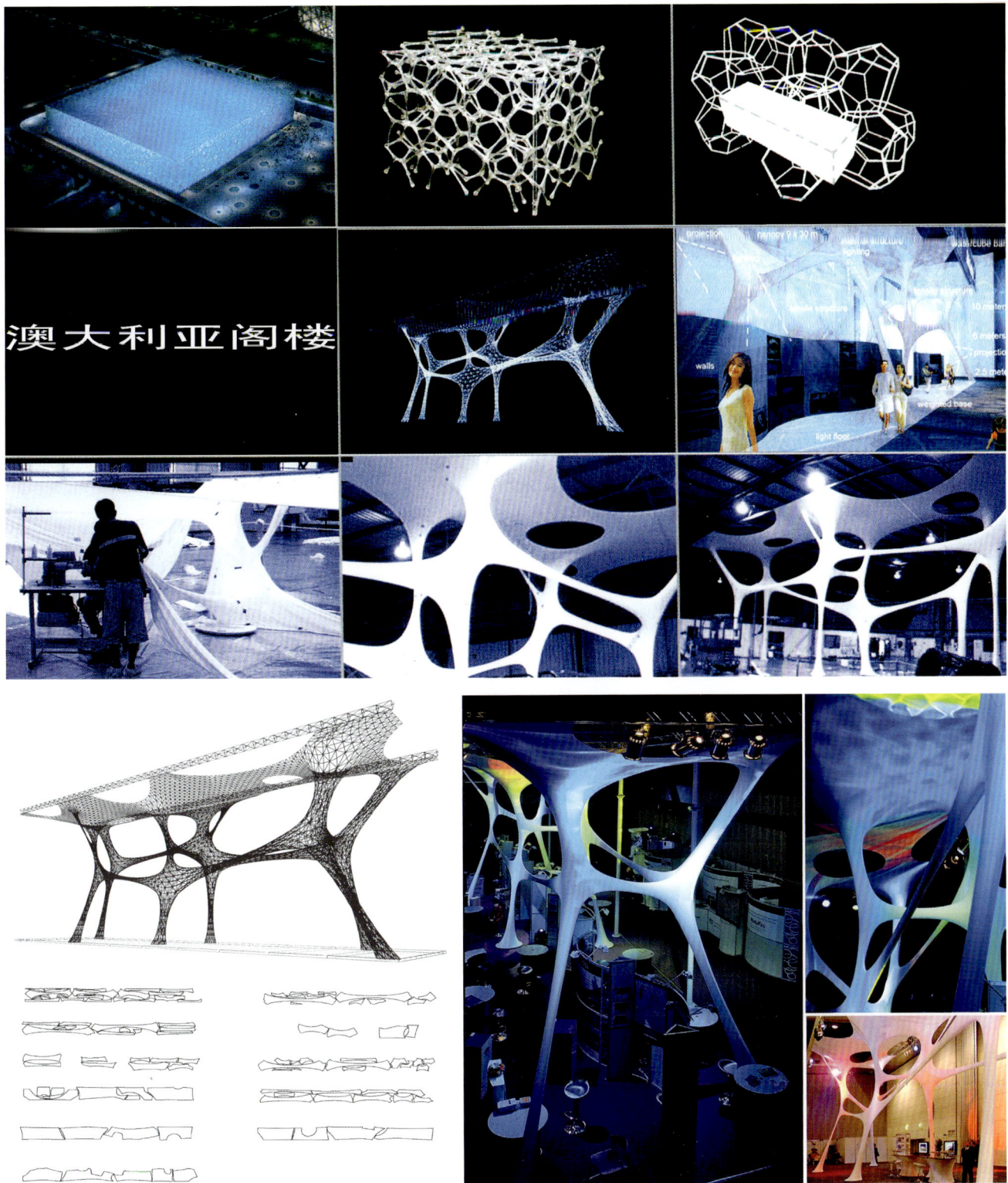

图8-5　2007年北京国际体育基础设施和场馆技术博览会上的"澳大利亚阁楼"。方案采用北京2008奥运会国家游泳中心水立方的内部设计，阁楼的三维空间是最具特色的地方，并非刻意设计，灵感来自于对自然界的细微观察和认识，就像一个蜘蛛网、珊瑚礁或水泡的结合体，它运用柔软材料，随着地心引力的张力扩张。同时光影和气流的折射给阁楼带来生气，让人仿佛置身海底世界。建筑材料是耐火尼龙合成弹力纤维，质量非常轻（该材料可以制成任何形状，而且能够重复使用），可以分解成103片，折叠压缩后打包，使用非常方便

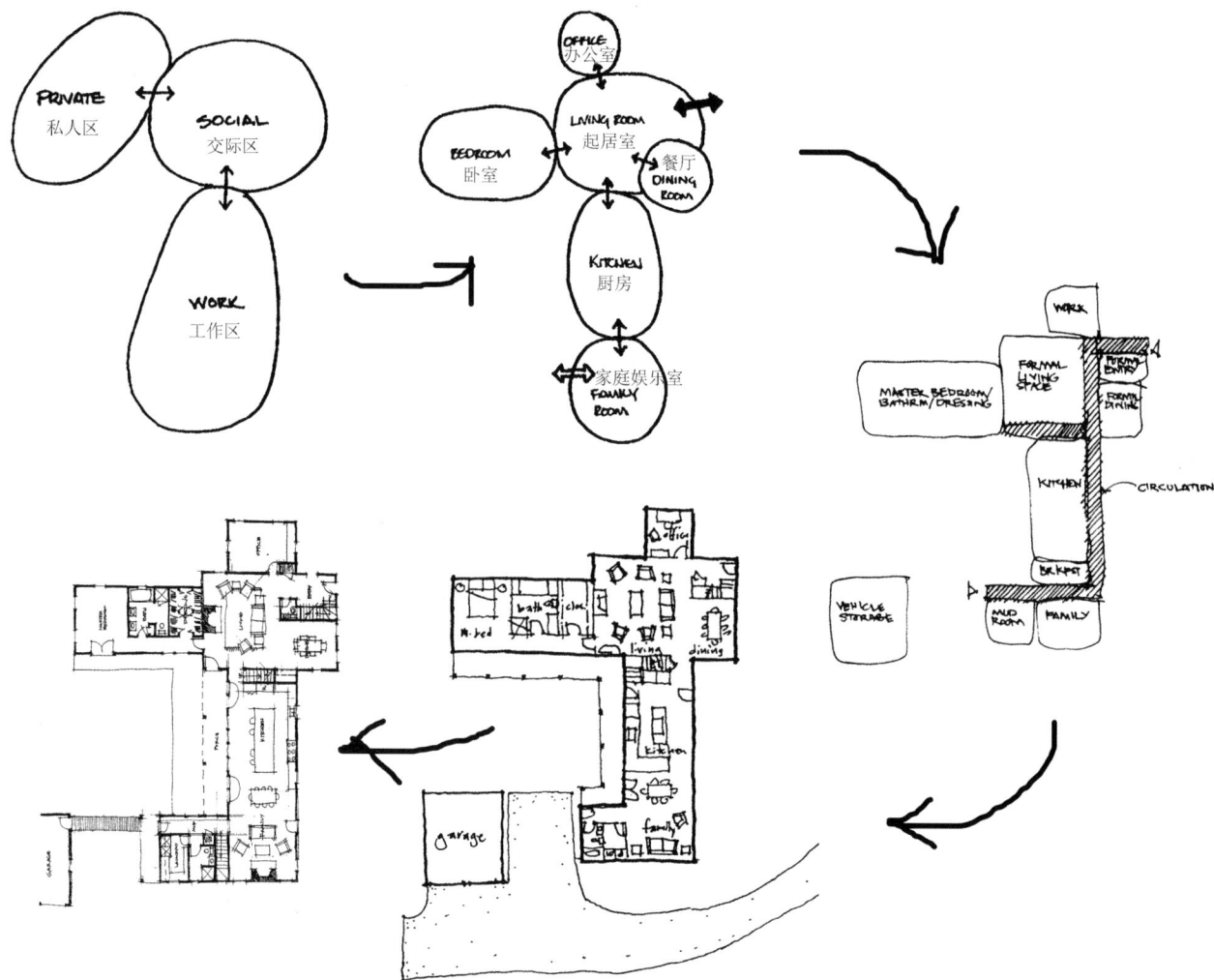

图 8-6　这幅图是某住宅在设计开始阶段的泡泡图改进过程，以简图的形式指出了可能的房间布局。泡泡图是平面图设计或家具布置设计的第一步，表示设计师的构想立意。最初的草图展示了各活动区域及区域间的相互关系和重要性，设计师必须逐步研究和定义这些关系，相应的泡泡图可能被多次重画。随后，设计师必须完善、重画这些泡泡图，标明各个具体的空间功能区域。随着设计的发展，建筑师开始分析更多的细节、更精确的比例及更多的特性，进而计算面积，描绘出空间可能会给人的观感

解大量细节后，一个全面的概念就会形成。这个概念是设计的开始。随后，设计师必须根据审美要求、科学技术知识及人文思想，将这个概念用文字或图形具体化，完成更为精确的二维空间设计。

（二）方案设计阶段后期

确定设计方案，提供设计文件。室内设计方案的文件通常包括以下内容。

1. **设计说明**　一般包括以下三部分内容。

（1）项目概况　项目基地的地理位置、周边环境、建筑结构类型和建筑的使用功能等。

（2）项目规模　包括总设计面积、各楼层的设计面积及各功能区域的规划设计面积。

（3）设计依据　包括业主委托书、业主提供的有关技术资料（相关的文件和图纸）、参照执行的相关规范条例等。

2. **设计理念**　阐述设计师的设计思想，包括设计主题与风格的选择、设计元素的提炼、设计手法的运用及通过设计所要达到的目标。

3. **平面图**　包括家具布置，常用比例通常为1:50或1:100，平面图包括以下内容。

（1）功能分区平面图。

（2）消防疏散图。

（3）交通流线图。

（4）设计投影平面图。

（5）吊顶平面图（包括灯具、风口等布置）。

4. **室内立面展开图**　常用比例为1:20和1:50。

5. **剖面图**

6. **节点放大图**

7. **透视图（效果图）**　原则上需要每一个空间区域的效果图。

8. **装饰材料表**　包括采用的墙纸、地毯、窗帘、室内纺织面料、墙地面砖、家具、灯具、设备等的规格、型号、用途和用量等（表8-1）。

表 8-1　　　　　　　　　　　　　　装饰材料表

实样	名称	品牌	用途	规格	用量
	大理石MH7	富云岗石	客厅地面	600×600×20	90m²
	泰国柚木	楚轩木业	家具贴面	1220×2440	12m²

9. **造价概算**　经过造价预算和初步设计方案审定后，方可进行施工图设计。

（三）施工图设计阶段

施工图设计阶段需要补充施工所需要的有关平面布置、室内立面和平顶等图纸，还需包括构造节点详图、细部大样图、设备管线图、编制施工说明和造价预算。

（四）设计实施阶段

设计实施阶段即工程的施工阶段。室内工程在施工前，设计人员应向施工单位进行设计意图说明和图纸的技术交底；工程施工期间需按图纸要求核对施工实况，有时还需根据现场实况提出对图纸的局部修改或补充（由设计单位出具修改通知书）；施工结束时，会同质检部门和建设单位进行工程验收。

第九章
住宅建筑室内设计

室内设计归根到底可以说是对生活方式的一次规划，在很大程度上取决于用户的家庭成员结构和住宅室内空间的组成。一般来说，住宅的空间组成无论面积的大小和户型的不同，一般都有起居室、餐厅、卧室、厨房和卫生间，面积较大的户型则可能另设玄关、工作室、贮藏室和保姆室等。

随着现代科技和人民生活水平的不断发展与提高，各种新材料、新技术和新设备必然要进入现代居室，也由于设计理念的不断深化，住宅的空间组成也在不断变化，目前主要有三种趋势：第一种趋势是空间不断丰富，分区更加明确，也就是在解决生理分室的基础上，还进一步细化了功能分室（区）；第二种趋势是空间设计的多功能，它绝不是因为空间太小不得已而为之的做法，恰恰相反，它所体现的是一种积极主动的、很有价值观的思路；第三种趋势是设计可变动空间，这是设计师以一种动态的、可持续发展的理念来审视设计思路，以适应用户家庭的人口结构和空间功能的变化（图9-1）。

在进行住宅建筑室内环境分区介绍之前，我们有必要明确住宅室内环境设计的要求：安全和私密性是住宅室内环境设计的前提；其次是室内的功能分区要满足使用者的要求，注意各活动区域之间的毗邻关系，这种关系可以用矩阵来描述（图9-2），矩阵可以指出区域间所需的距离，设计师还有必要对相邻区域之间的视听干扰或私密程度进行区分研究，这些因素的重要性可以在附加矩阵中得到体现（图9-3）；第三要注重陈设的作用而适当淡化界面的装修，还要注重厨房和卫生间的设计与装修；最后是总体设计的风格要作通盘的考虑，这种通盘的考虑并不是要求所有的空间都保持同一种风格，我们在设计具体的功能空间时可以采用不同的风格，但前提是重点要突出，主线要明确。

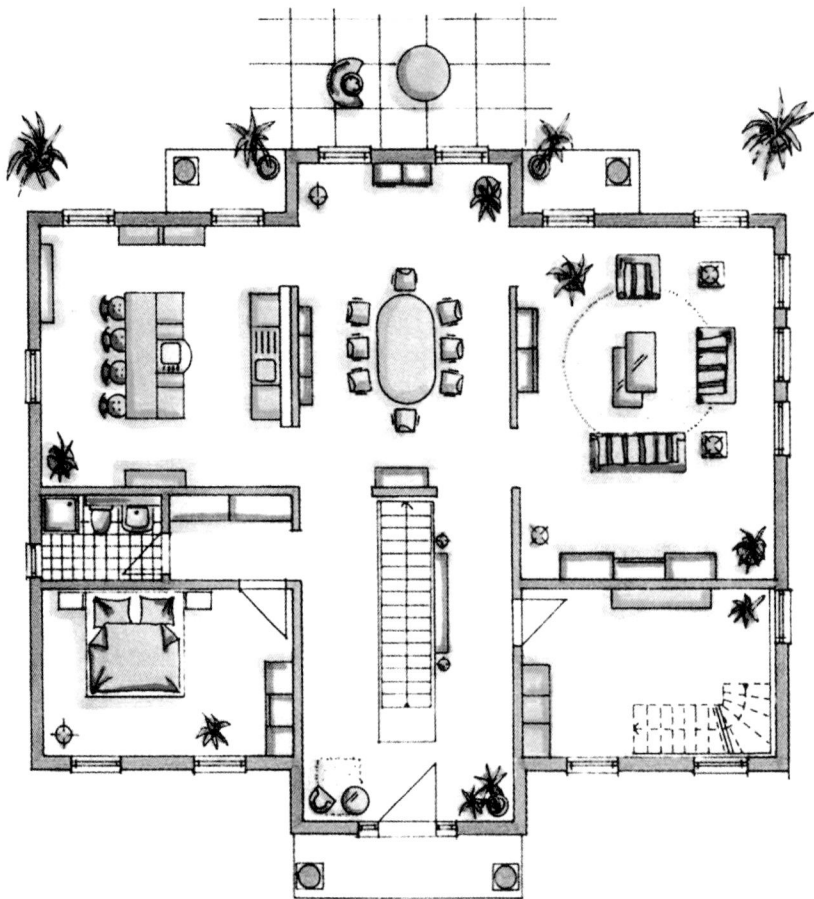

图9-1　德国某住宅室内一楼的空间划分，用相对分隔的手法将厨房、餐厅和起居室在一个长方形的大空间做了灵活的分隔，根据家庭成员的变化和空间功能的需要，可做快速而便捷的调整

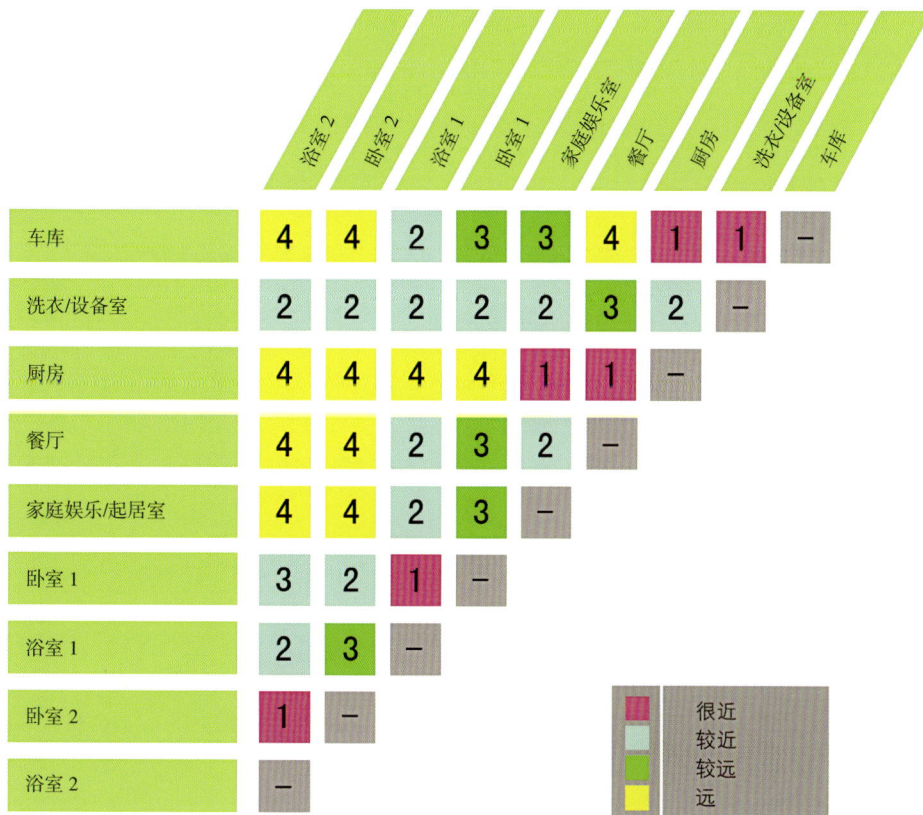

图 9-2　毗邻矩阵是分析各区域之间必要距离的便捷方法

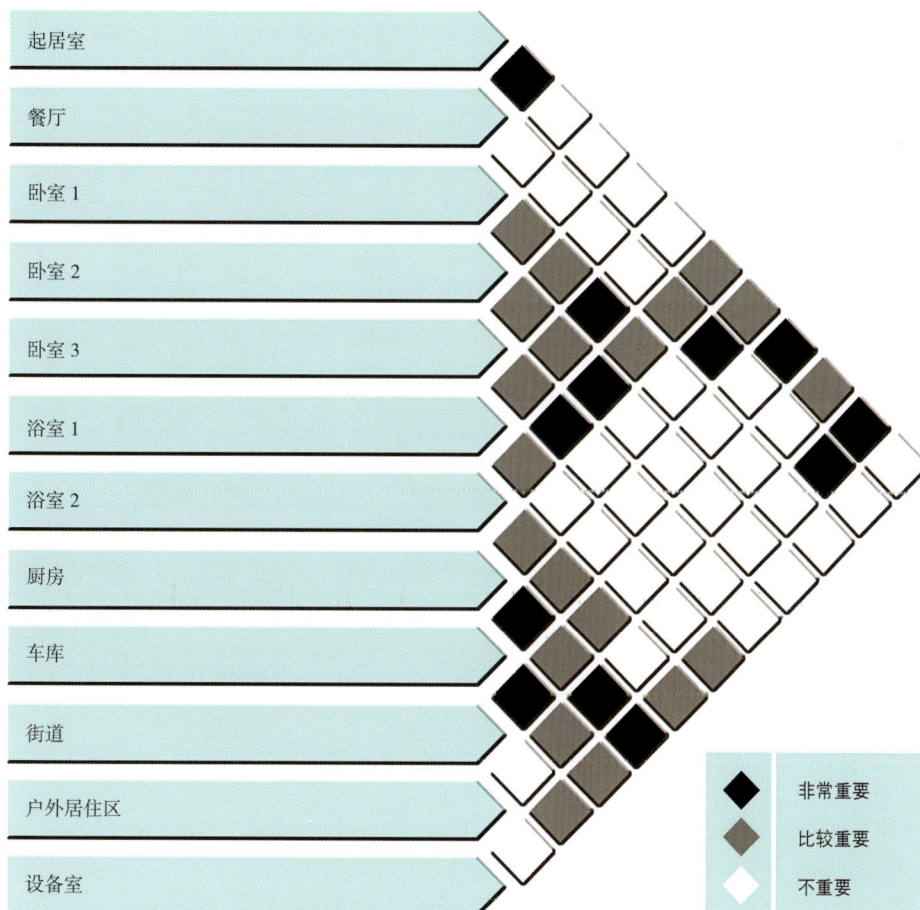

	浴室 2	卧室 2	浴室 1	卧室 1	家庭娱乐室	餐厅	厨房	洗衣/设备室	车库
车库	4	4	2	3	3	4	1	1	–
洗衣/设备室	2	2	2	2	2	3	2	–	
厨房	4	4	4	4	1	1	–		
餐厅	4	4	2	3	2	–			
家庭娱乐/起居室	4	4	2	3	–				
卧室 1	3	2	1	–					
浴室 1	2	3	–						
卧室 2	1	–							
浴室 2	–								

很近
较近
较远
远

图 9-3　通过矩阵同样可以研究各活动区域间的距离在视听方面的重要性

非常重要
比较重要
不重要

第一节　玄关

玄关其实就是住宅的小门厅，是进入住宅的第一个空间，它会给来访者留下关于这个家庭深刻的第一印象，使来访者能够初步领略整个住宅的装修风格与特点，为他们随后了解居住者的生活方式打下基础。玄关更重要的是具有实用功能，在这里可以换鞋，存放雨具、背包等杂物和进行简单的梳妆（图9-4）；玄关还有一项重要作用，即有效地指引和控制人们出入住宅的途径及室内的通道，是室外与室内主要空间的一个过渡，在建筑和装饰风格上应该考虑两者的协调。

（1）玄关的面积可大可小，最小的面积要求是可让主人打开房门，站在那里不会挡路；形状也是因地制宜。设计师应尽可能地根据室内空间的建筑形态和功能要求来做安排，它可以是一片花格，可以是一个屏风，也可以是一个柜架。如果可能的话，玄关应该设计得让人不能直接看到里面的主空间为佳。

（2）玄关的照明灯具，既有安全感又能营造气氛，也可以结合一些有趣的装饰，灯光不要太耀眼，柔和的灯光有助于引导客人进门。

（3）地板要耐用，而且便于清洁。

第二节　起居室

起居室一般来说是住宅空间中面积最大和使用人数最多的多功能空间，是家庭成员团聚、交流、阅读、娱乐、接待客人和从事某些家务劳动的场所。从造型设计上看，它应突出地反映住宅的风格特点，体现主人的生活方式、兴趣爱好、职业、文化程度、阅历、修养和审美品位，因此，往往也是住宅设计序列中的高潮部分，也就自然地成了室内设计的重点。

1. **客厅的风格与特征**　应以使用者的意愿为依据。设计师的作用就是结合现代工艺技术和潮流元素，将使用者的这种意愿转化为现实（图9-5）。

图9-4　这是一套小面积的住宅，建筑本身并没有专门的玄关，设计师在这里用了一个精巧的展示橱柜作隔断，既起到了玄关的空间过渡作用，橱柜里陈设的装饰品又扮靓了空间，而且对装饰品的照明也是玄关的基础照明，可谓一举三得

图9-5　英国一面积不大的住宅中和工作室合用的起居室，通过索菲尔德工作室定制的家具，展现在我们面前的是一种有节制的新艺术装饰风格的设计

2. **起居室的空间形态和平面功能布局**　起居室的空间形态主要是由建筑设计的空间组织、空间形体的结构构件等因素决定的，设计师可以根据功能上的要求通过界面的处理和家具的摆放来进行改变。起居室是家庭的多功能场所，是一家人在非睡眠状态下的活动中心点，也是室内交通流线中与其他空间相联系的枢纽，家具的摆放方式影响到人在房间内的活动路线（图9-6）。

3. **起居室的装饰材料选择**　地面可用石材、瓷砖、木材或地毯铺设。墙面可用乳胶漆、拉毛灰、壁纸、饰面板等进行装修，可以搭配使用一些石材、玻璃、镜面或织物，但不宜过多使用石材、玻璃和金属，这不仅因为它们过硬、过冷，更因为它们反射声音的能力太强，容易影响电视、音响，甚至日常会话的效果。面积不大的客厅，不大使用形象繁杂的图案；不必作墙裙，因为即便作了也容易被沙发和柜架所遮挡，且容易使本来就不高的空间由于增加了一次水平划分而显得更低矮。在面积较大的客厅中，沙发等可能是离墙布置的，此时用木材或石材等作墙裙，可以用来增加墙面的装饰性并保护墙面（图9-7）。

4. **起居室的装饰**　起居室主要家具陈设的选择以符合使用者对起居室的功能要求为前提，完全可以由使用者的爱好、品位来决定（图9-8）。

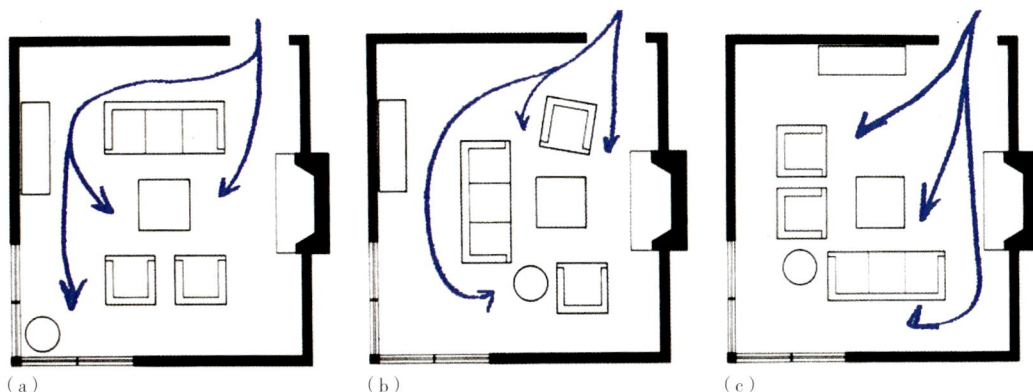

（a）　　　　　　　　　　　　（b）　　　　　　　　　　　　（c）

图9-6　起居室的家具布置和交通流线：（a）这种安排方式很不方便，沙发挡住了人们，尽管谈话具有私密性，但走动很困难；（b）这里沙发安排得好些，留出了走动的空间；（c）起居室应该方便人们进出会客区域，这种安排方式比较好

图9-7　大平层的起居空间有多种变化，利用下沉结构进行改造，使平面富有多层次的变化。值得注意的是在住宅中任何高度差的存在都有安全方面的隐患，一定要考虑使用者的实际情况再做设计决定

图 9-8　少数民族的服饰和手工艺品成了装饰这个起居空间的主要设计元素，再结合造型独特的家具和小摆设，使整个空间弥漫着浓郁的异域风情

图 9-9　在许多起居室的照明设计中，经常使用落地灯和台灯来作为起居空间的基础照明，这样做可以使空间更具有家庭气氛，而且能让较小的空间显得宽敞

5. **起居室的顶棚**　起居室的顶棚很少全做吊顶，否则会减少客厅的高度。如果采用迭落式吊顶，迭落的级数不宜过多，因为若在其内暗藏灯槽（级高应以不超过250mm为宜），连续迭落两级时，高度就已减少约半米了。多数情况下，都优先采用局部吊顶，或在楼板的底面直接采用一些石膏浮雕等装饰。只有当客厅的净高较高时，才可以设计较为复杂的天花和装饰，但有别于公共空间，不宜太过复杂。

6. **起居室的照明**　可以采用多种不同的照明组合。可以在中心部分使用相对华丽的吊灯或吸顶灯；陈列柜架的上方或内部，可以采用强调展品的投光灯；钢琴上方，可以采用装饰性强的装饰灯；酒吧台的上方，可以采用吊杆筒灯或镶嵌灯；也可将某些灯具安装在壁饰的后面，从而使壁饰更加突出，甚至给人以飘浮的感觉；还可以在阅读功能要求不强的起居室安排装饰灯来作为基础照明。开关可以分组设置，这样，就有可能在进行不同活动的时候，使用不同的灯具，形成不同的氛围。在灯具的选择上，要注意灯具的外形和所使用空间的形态之间的协调关系（图9-9）。

第三节　餐厅

民以食为天，餐厅是家庭生活中一个重要而活跃的场所，就餐是全家聚在一起的为数不多的几种日常活动之一。餐厅的功能也不是单一的，是整个家庭沟通情感、交流信息的重要场所。在功能上部分类似起居室。

餐厅的开放或封闭程度在很大程度上是由可用房间数和家庭的生活方式决定的，餐厅的安排要尽量地靠近厨房，餐厅的主要家具是餐桌椅和餐具柜，餐具柜的作用大多数情况下是作为装饰和隔断。餐厅在功能形式的组合变化上是所有住宅室内空间中最多的，经常出现的有以下四种。

1. **独立餐厅**　适用于居家空间较大的家庭（图9-10）。

2. **餐厅＋起居室**　这是目前一般家庭采用最多的方式（图9-11），餐厅和起居室同存于一个较大的空间当中，使得视觉和活动的空间都得以增加，有的在两者之间设有屏风、活动门等。

（a）   （b）

图9-10　独立餐厅需要住宅有足够大的母空间或足够多的子空间数量，受其他空间的干扰少，空间风格的设计可以更加自由和随意，应该是就餐环境最好的一种形式

图9-11　目前在公寓住宅的室内设计中，餐厅和起居空间相结合是最多见的，其主要原因在于：一者这两个空间区域在家庭功能上有许多相同之处，二者在住宅总空间不是很大的情况下，这样安排可以节约空间，使视觉更通透，空间的利用率更高

3. **餐厅 + 厨房**　在现代社会中，愈来愈多的公寓式小家庭采用这种看起来时髦、新鲜，但也是人类最原始的"边煮边吃"的方式，既精简室内空间，又别具一番情趣。这类设计形式多样，可以是工作台的延伸，也可以独立设置小餐桌（图9-12）。

4. **餐厅 + 客厅 + 厨房**　这更是高节奏都市生活的产物，小型的居住空间、家庭成员的简单化、烹饪设备和餐饮习惯的改变，使得将以前脏乱的厨房和居室中最体面的起居室与餐厅合并在同一个空间成为现实（图9-13）。

餐厅在于营造一个稳定、安全、温馨和放松的就餐环境。如果餐厅处于独立空间中，这就给了设计师比较大的发挥余地，在与总体风格相协调的情况下，只要营造出餐厅应有的氛围就可以；餐厅如果是和客厅没有绝对分隔的，一般情况下要求与客厅的设计风格相一致，在布置上往往也是客厅的延伸。有时候为了显示两个分区的差别，可以选用与客厅不同的地面高差和材料、不同的照明设计，或将顶棚高度进行处理。

（a）　　　　　　　　　　　　　　　　　　（b）

图9-12　餐厅与厨房结合的形式为愈来愈多的年轻人所欢迎，符合现代生活的快节奏，还有一个好处是厨房和餐厅的油烟味道被隔离，其他空间不受"污染"

图9-13　餐厅、厨房和起居室三者的结合是一种流行的时尚，可以使住宅的公共活动区域更具有开放性，比较适合为成员结构较少的家庭设计使用

餐桌上方，最好使用专门的餐桌灯，常用的餐桌灯有吊杆式和升降式，但一定要注意照明的光色。色彩和装饰品的选择要尽量轻松活泼，地面铺装材料以易清洁为原则。

第四节　厨房

厨房是住宅的动力车间，是现代居室中电气设备比较集中的地方，在设计上要从以下几个方面来考虑。

1. **厨房空间形式的选择**　厨房的空间形式一般分为封闭式和开放式两种。封闭式的优点是独立的厨房空间便于清洁，尤其是烹饪时的油烟不影响室内其他空间；开放式的优点是形式活泼生动，有利于空间的节约和共享（图9-14）。

2. **厨房的工作流程分析**　传统厨房的主要作用有三个：食物的储藏、食物的清理和准

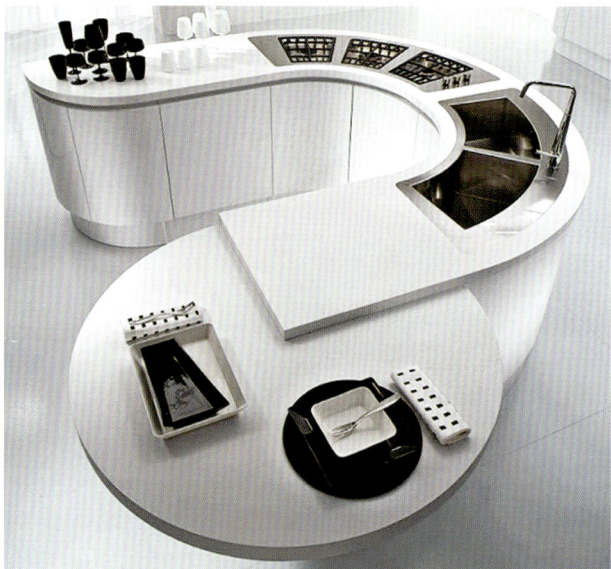

（a）

（b）

（c）

（d）

图9-14　厨房空间形式的选择取决于下面三点：1. 建筑结构本身的特点；2. 相邻空间的功能关系和主人的喜好；3. 烹饪方式和饮食习惯。饮食是一种文化，厨房的风格则是这种文化的具体表现，同时也反映了人们的生活方式

备、烹饪。要想这一系列的工作能够顺利方便地进行和完成，就要按照人体工学进行工作流程的分析，比如在食物的清理、准备和烹饪阶段，厨房的工作环境至少要涉及洗池、菜案（工作台）和炉灶（图9-15），那么设计师在平面布置上应按厨房的空间形状，首先要决定采用"一字形""L形""U形"还是"中央岛形"中的哪一种厨房布置方式，在此基础上再进行具体的工作场所的安排，做到让使用者方便、顺捷、合理。

　　3. **设备的选择**　厨房的主要设备是台面和厨柜，台面和厨柜的好坏不仅关系到使用的方便与否，也关系到厨房的格调与特色。要注意选择材料和颜色，设计好造型和尺寸，使厨房的各种工具存放得体，比如洗池，出于方便的考虑，我们往往会安排两个；水龙头也可以选择手提式的，解决了很多清洁上的困扰；传统的中式烹饪要选择强力的排烟罩等（图9-16）。

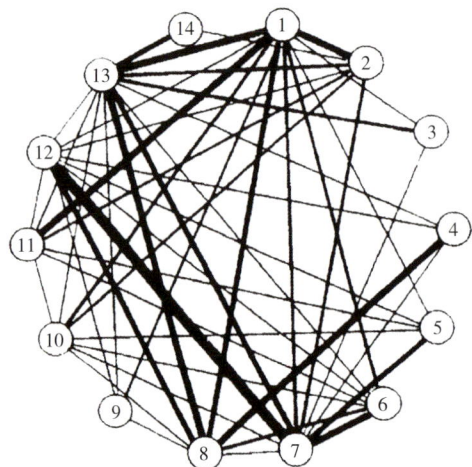

图 9-15a　厨房内操作联系图：1-炉灶；2-餐具存放处；3-毛巾；4-垃圾桶；5-餐桌；6-炊事用具；7-碗柜；8-案板；9-厨具；10-餐具；11-杂物柜；12-冰箱；13-洗涤池；14-卫生用具

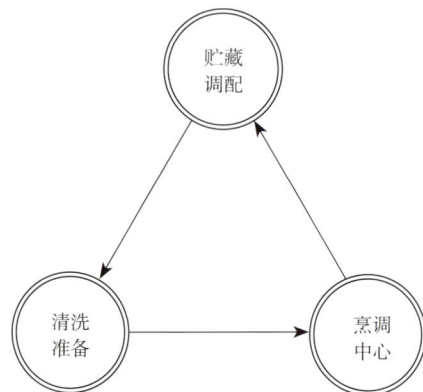

图 9-15b　厨房操作三角形示意图

图 9-16　厨房是住宅中电器种类比较多的地方，厨房设备的选择至关重要，不仅要保证质量，还要美观实用，为烹饪提供方便和舒适的环境

4. 装修材料的选择 厨房的地面多数是采用厨房地面砖，要注意防滑，耐碱耐酸，利于清洗。墙壁最好也用墙面砖铺贴。顶棚材料宜选择塑料板、金属板等光面材料。

很重要的一点，要保证厨房有良好的采光照明和通风环境。

第五节　主卧室

主卧室是真正属于自己的私密空间，所以卧室的设计和布置可以尽可能地充分满足使用者的主观意愿。一个好的主卧设计，可以营造温馨的气氛，让我们享受浪漫的私密生活，寻觅甜美的梦境（图9-17）。

床是卧室最主要的家具，也是卧室的中心（图9-18），床的安放位置的选择是设计布置卧室的第一考虑，其他家具都必须围绕着床这一中心来安排。床的位置和整个卧室的动线有密切的关系，而影响床的位置的最主要的因素是窗的位置，因为光线直接影响到人的睡眠质量。选购

（a）　　　　　　　　　　　　　　　　　　　（b）

图9-17　在住宅空间中，没有比卧室更具个人色彩的地方了，卧室也是最少向外人展示的空间，因此对卧室的设计应该更具有个性化。风格的选择、空间的处理、家具的搭配、装饰物的要求要尽量符合使用者的兴趣爱好和品位倾向，当使用者置身其中时，能充分享受私密空间的主宰感

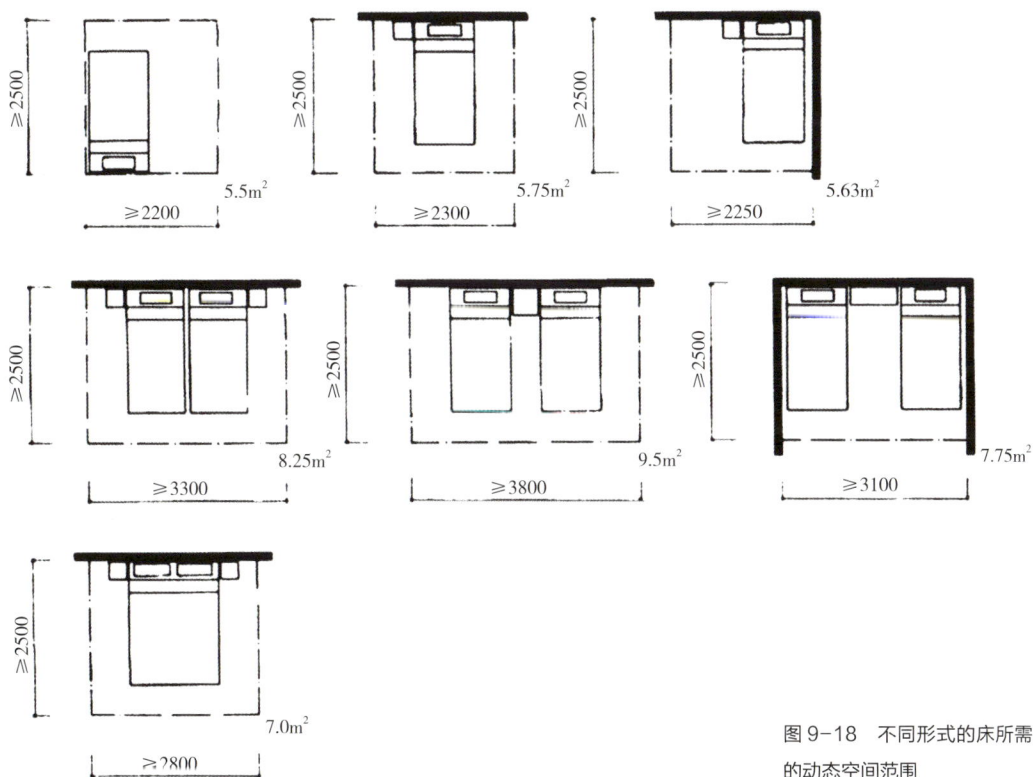

图9-18　不同形式的床所需的动态空间范围

床具通常会和床头柜、化妆台和衣柜等同时考虑，一般选择款式一致的配套组合，但也可以化整为零，按自我品位来选配，并非一定要配对成套，使卧室的气氛更为生动有趣。

主卧室一般都设有专用卫生间，设计上有时会在卫生间与主卧室之间安排一个穿越式的衣帽间，这不仅使卫生间与主卧室之间有了必要的过渡，也符合人们生活起居的习惯。

卧室在功能上除了睡觉之外，在空间允许的情况下，可以弹性规划一些不同的功能区域。

（1）着衣区域　对于实用性和秩序性的居家生活极为方便。

（2）餐饮区域　安排小型的沙发座椅，作为轻松谈心和简单餐饮的场所。

（3）娱乐区域　简单的电视和音响组合，尤其适宜就寝前在床上观赏使用。

（4）简单工作区域　简便的办公桌椅，方便处理一些重要的和应急的工作（图9-19）。

（5）小型健身区域　放置小型健身器，作为灵活的、短时间的健身补充。

主卧室可以使用檐口照明、台灯或壁灯照明方式，灯光要温馨、柔和。比如可以将色调梦幻的彩灯照明作为基础照明，这对渲染卧室的环境气氛有极好的效果。一般不在双人床的正上方悬挂大吊灯，这不仅因为过强的灯光缺少舒适感，也因为这种设计在卧室的视觉感受上也不协调。

主卧室的装修宜使用木地板和地毯，墙面更宜使用乳胶漆、壁纸和织物，以便形成恬静、温馨的气氛（图9-20）。应少用石材、瓷砖等偏硬冷的材料，它们不但缺乏必要的舒适感，也容易给人以冷漠、生硬的印象。

主卧室的氛围在很大程度上与界面色彩和窗帘、地毯、床罩的花色有关系，尤其是恰到好处的纺织品的使用，它让人觉得更加亲切和生活化。一般情况下，卧室在色彩设计上应该保持柔和、淡雅的格调，通常不宜有特高的彩度、明度，这会对人的视觉和大脑产生过强的刺激。

图9-19　卧室里布置了单人阅读沙发和小写字台，为卧室增添了一些附加功能，为使用者提供了方便

（a）　　　　　　　　　　　　　（b）　　　　　　　　　　　　　（c）

图 9-20　纺织品和异域元素的使用，哪怕是一幅窗帘或一件饰物，都使卧室充满了温馨和梦幻的气氛

第六节　儿童房

条件允许的话，儿童从4～5岁开始就应该拥有一个属于自己的空间，直到长大成人。因此，儿童房实际上是为未来而设计的，一切设备和布置都随着儿童生理和心理上的变化而改变，对儿童房的设计要有较多的预测考虑。

儿童房大体包括三部分，即睡觉、学习和游戏。主要家具为床、书桌、衣柜和玩具柜。当儿童年龄不大时（如上小学之前）可以使用床、桌、柜、架组合的家具，它功能齐备，且可少占卧室的面积。根据年龄段要尽可能选择趣味性和功能性强的家具，低龄阶段选择无尖锐棱角的弧线家具为好。

儿童卧室宜采用木地板、塑料地板和局部可活动的地毯等有弹性和易清洁的铺地材料。在使用地毯时，要选择便于清理和更换的，防止地毯成为细菌和脏物的温床。壁面要选用能擦洗的材料，可擦洗壁纸就是一个很好的选择。儿童卧室的色彩和图案可以鲜艳、活泼一些，其中的陈设、挂饰、玩具等要符合儿童的兴趣爱好，要有利于全面提高儿童的素质。装修时要注意电器插座的选择，要选择有安全保护的电器插座，高层建筑要注意窗口的安全设施设计，确保儿童的安全（图9-21）。

（a）　　　　　　　　　　　　　　　　　　　　　　（b）

图 9-21　童趣和童真是在儿童房设计时必须要凸显的，孩子在自己的天地里，无论是游乐园里的滑梯，还是双胞胎姐妹的有趣游戏空间，无不为童年留下美好的回忆，无论是男孩还是女孩，有针对性的色彩设计和装饰物的布置，可为健康的心理成长营造良好的环境气氛

第七节　书房和工作室

从空间的利用角度来考虑，书房往往也是工作室。在居室中能够拥有一个充实的书柜，可以体现主人的修养、品位和受教育程度，其效果也许胜过精美的酒柜和豪华的装潢。

写字台和书柜是书房和工作室的中心，书房和工作室的家具选择以实用和大方为主，而适当的陈列品和装饰物是空间布置的点睛之笔，一件艺术品、一幅字画，都是使用者身份品位的写照。墙面和顶棚处的界面处理以简洁明快为宜，墙面处理上也有结合家具做护墙板的，地面则多采用木制地板或局部铺设地毯。色彩以中性或偏暖为主，采光和照明要求较高，通常工作室基础照明的照度要求比较高，书房的基础照明则相对可以暗一点，而为满足书写和阅读的需要，还必须安排更高照度的重点照明。当然，设计师还可以安排落地灯和装饰壁灯，为工作间隙的休息营造轻松的气氛（图9-22）。

其实在现代人的思维中，书房只是一个通称，它实际上可以具备多种功能。在书房中放置沙发椅，平时作为休息坐具，有客人留宿时可以打开作为床使用，变成了客房；如果在书房里增加影视和游戏设备的话，它又可以作为视听室和游戏室使用。

（a）

（b）

（c）

（d）

图9-22　书房和工作室的空间大小是非常灵活的，或大或小的空间都可以通过设计师的精巧设计实现使用者的功能要求，家具的选择除了合乎实用功能之外，文化气息和优雅品质则是必须高度重视的，而一两件有特色的装饰品的点缀更是设计中的生花妙笔

第八节　卫浴空间

卫浴空间在现代居室中就如同现代化厨房一样，是集专业科技设施比较多的地方，而卫浴空间的功能也从如厕、沐浴、盥洗，扩大到美容、休闲、缓解疲劳、提高体能和健身的多功能空间。人们对卫浴空间重视程度的提高，使过去最不起眼的地方成为居室中最能使身心得到放松和享受的场所（图9-23）。

居室的卫浴一般有专用的和公用的之分。专用的只服务于主卧室或某个卧室；公用的与公共走道相连，由其他家庭成员和客人共用。在一般情况下，主要卫生器具包括面盆、便器、浴缸或淋浴器。为方便使用，可将卫生间划为洗浴和厕所两部分，这种"浴厕分离"的做法，更加符合人们的生活习惯，因而也更加受到人们的欢迎（图9-24）。

现代洁具款式新颖，材料多样，除传统的陶瓷洁具外，还有用人造大理石（玛瑙）、塑料、玻璃、玻璃钢、不锈钢等制作的洁具。它们的功能日益完善，相当一部分洁具已由单一功能的设备发展为自动加温、自动冲洗、热风烘干等多功能的设备，其五金零件也由一般的镀铬件发展为高精度加工的，集美观、节能、节水、消声为一体的高档零配件。

卫生间的面盆有壁挂式、立柱式和台式。壁挂式面盆占用空间较小，但使用时间过长时，容易倾斜；立柱式面盆下有贮藏空间，可存放一些零碎的洗涤用品；台式面盆使用方便，一般占用空间较多。

坐便器有带水箱的和不带水箱的，从发展趋势看，高级的住宅和宾馆将更多使用不带水箱的。在档次较高的居家设计中，可能设计多种卫生器具，如在主卧室卫生间中加设妇女净身盆，或在主要卫生间同时设置两个面盆等。功能也日益先进，如温水洗净式坐便器，自动供应坐垫纸的坐便器、能够电动升降坐圈的坐便器等。

浴缸有两类，即坐浴缸和躺浴缸。从安置方法看，有用脚腿支撑的和不用脚腿而直接落地的。现在已有不少家庭使用按摩浴缸，它的特点是水流成旋涡状，可起按摩作用。淋浴间可以在现场制作，也可以购买成品，其平面尺寸一般不小于900mm×900mm。

卫生间的地面和墙面，使用材料通常都以防滑和易于清洁为原则。多用石材、瓷砖、马赛克、镜面和玻璃铺贴，楼板下常用塑料板或金属板作吊顶，吊顶上常附设取暖设备。在设计时一定要保证卫浴空间的通风性，安装必要的通风和换气设备，以保持卫浴空间的干爽。同时，还要装配一些必需的附件，比如浴巾的挂件和清洁用具的存放设备（图9-25）。

图9-23　宽敞的建筑空间和富足的生活条件，为设计师的空间设计创造提供了充足的物质基础，一扫传统卫浴空间给人留下的低矮狭小的印象，空间宽敞明亮，良好的空气质量保证了使用者长时间在其中的活动，从而赋予了卫浴空间新的功能特征

图9-24　上海圣马力诺某别墅的卫浴里安装了一个可折叠的活动木门，灵活机动地按照使用的需要可以将"厕"和"浴"进行空间分离，使用更加方便

（a）

（b）

（c）

（d）

（e）

图9-25　新材料和新工艺不仅使现代洁具的质量得以提高，造型也更加漂亮。一般来说，卫浴空间的界面装修材料以宜清洁和防滑为原则，卫浴空间的湿度较高，墙面的贴面要铺设到顶，由于使用的材料大多偏硬偏冷，设计师也有用防水木条做吊顶来中和环境，效果不错。还有就是在卫浴空间中要多安装一些挂放衣服和浴巾的附件，让使用环境更具人性化

第九节　楼梯、走廊和过渡空间

一、楼梯

楼梯是联系上下空间的必要途径，在别墅和复式结构的住宅中，对楼梯结构形式的处理关系到总体空间的视觉平衡和与之相联系空间的功能发挥，楼梯始终是室内设计中一个重要的组成部分（图9-26）。

楼梯是居室中主要的立体空间，呈现了居室立体结构之美——从下而上延伸视觉的高度，由上而下扩展鸟瞰的视野（图9-27）。除了美观问题之外如何有效地加以利用，正是楼梯的设计和处理最出彩的地方，是设计师运用专业知识和智慧的高度体现，利用楼梯可以达到以下目的。

（1）楼梯的首要功能是居室垂直空间的连接。

（2）利用楼梯的位置可以有效地划分平面空间（图9-28）。

（3）好的楼梯设计可以成为居室中一道亮丽的风景，丰富了居室空间的立体层次。

（4）利用楼梯特有的空间结构可以进行一些功能性小空间的设计（图9-29）。

设计楼梯时，一些技术规范上的要求是设计师必须遵守的。

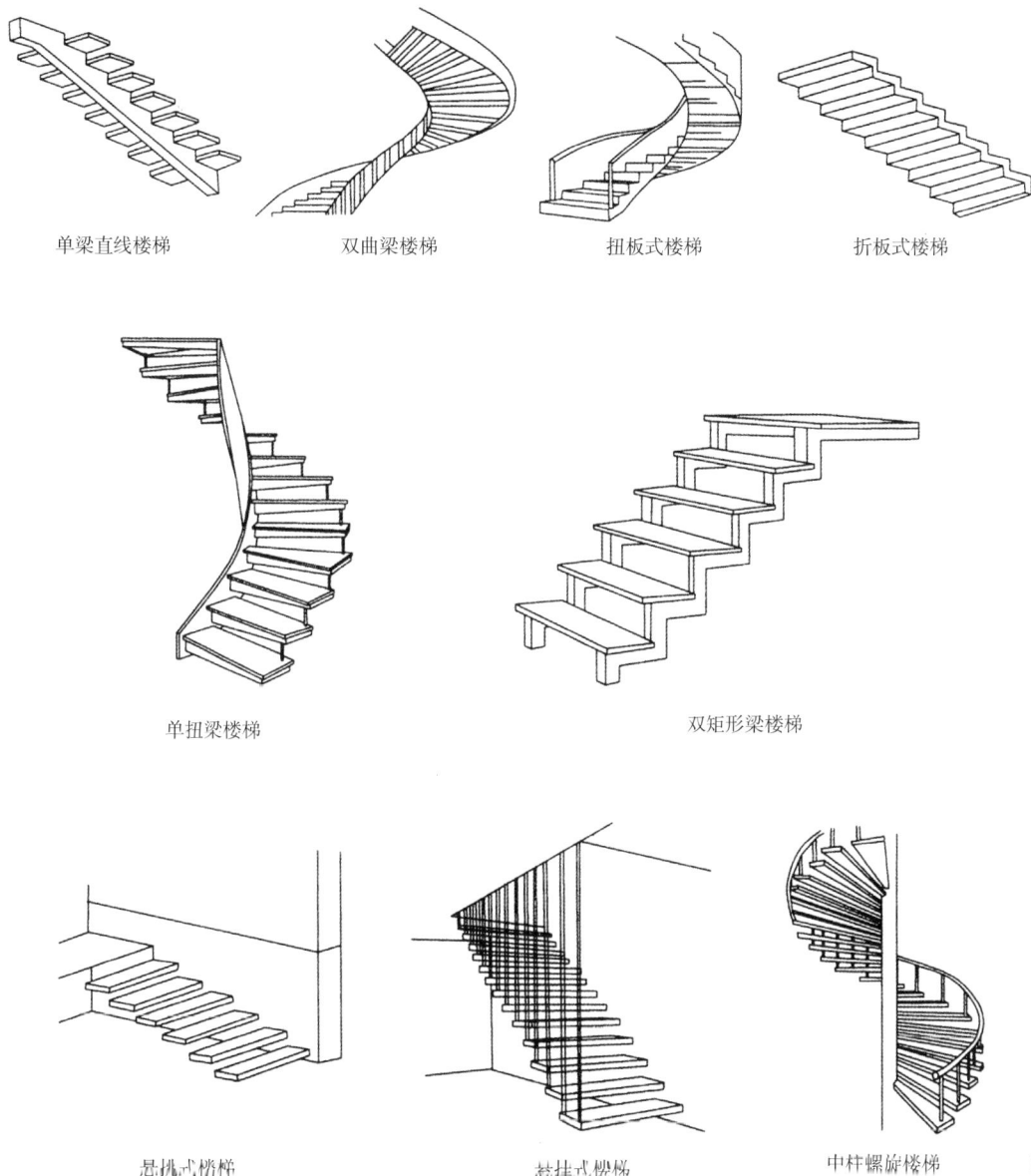

単梁直线楼梯　　　双曲梁楼梯　　　扭板式楼梯　　　折板式楼梯

単扭梁楼梯　　　双矩形梁楼梯

悬挑式楼梯　　　悬挂式楼梯　　　中柱螺旋楼梯　　　图9-26　常见的楼梯结构形式

图 9-27 楼梯灵动飘逸，与其他家具相互调和，使居室温馨柔美，给人非常良好的视觉感

图 9-28 利用楼梯的通透划分，使得相邻空间在视觉感受上更具有联络感和连贯性

图 9-29 楼梯恰如其分地融入居室环境，根据使用者的需要搭配书架和壁橱，方便收纳物品，同时也起到装饰的作用

　　1. **楼梯的坡度**　楼梯梯段中，各级踏板前缘的假定连线称为楼梯的坡度线。坡度线和水平面的夹角为楼梯的坡度，楼梯的坡度也就是楼梯的立板（踢板）的高度和踏板的宽度之比。室内楼梯的常用坡度在20°～45°之间，最佳坡度为30°左右。一般民用楼梯的宽度，单人通行的不小于80厘米，双人通行的不小于100厘米（表10-1、表10-2）。

表 10-1　　　　　　　　　　　楼梯坡度和扶手关系表

楼梯的坡度	0°	不大于30°	不大于45°	儿童扶手
扶手的高度（mm）	900～1100	900	850	500～600

表 10-2   一般民用楼梯的踏步尺寸（mm）

踏板尺寸	住宅	学校、办公楼	剧院、食堂	幼儿园
踏步高（R）	156～175	140～160	120～150	120～150
踏步宽（T）	250～300	280～340	300～350	250～280

2. **楼梯和平台扶手的设计**   一般楼梯的扶手高度为90厘米，平台的扶手高度为110厘米。当然，扶手的高度为了适合家庭成员的需要也可作一些改动。栏杆之间的宽度要适当，太宽了不安全，太窄了不美观。为了减轻登高时的劳累和改变行走方向，楼梯中往往设置平台。如果踏步数超过18级时必须设置平台，住宅建筑平台宽度不小于110厘米，公共建筑不小于200厘米。一般来说，平台净高不小于200厘米，梯段净高不小于220厘米。

3. **楼梯的照明、用材和装饰**   楼梯要有充足的照明，利用照明和色彩的处理显示台阶的变化，底部和顶部都应设置开关；楼梯面的铺设材料一定要防滑，最好具有一定的柔软性；利用楼梯的壁面安排一些装饰物，如图画、照片、壁灯等，实用与美观相结合，一举多得；楼梯在色彩上还要求尽量取得楼上和楼下的色调综合，完成空间的自然过渡。

二、走廊

楼梯是垂直空间的连接，走廊就是水平空间的通道。走廊可以完善室内空间的联系，使空间功能的过渡更加自然流畅。对于走廊的设计处理应该注意下面几个方面。

1. **宽度**   必须结合居室的空间特点来定，与相邻空间在体量上要协调。一般来说，太宽的走廊浪费室内空间，太窄则影响通行，成了居室中的瓶颈。

2. **墙面材料**   采用不易弄脏和破损的材料，同时可以利用壁面陈列图片，甚至可以作为陈列图书和收藏珍品的地方，增添居室的视觉美感和丰富艺术气氛。

3. **照明**   由于走廊本身的空间较小，太暗的光线会造成沉闷和压迫感，而且还缺少安全性，而太亮的光线则刺激眼睛，因此采用中明度是最好的选择，利用对走廊壁面装饰物的照明来作为走廊的基础照明则是一举两得（图9-30）。

4. **色彩**   走廊介于各厅室之间，色彩上也要取决于各厅室的配色要求，往往是以看得到最多的那一间厅室的色调为主，在功能上起到过渡和铺垫的作用（图9-31）。

三、过渡空间

室内空间与空间的连接除了楼梯和走廊之外，还存在过渡空间的连接方式。过渡空间的形成有两个方面：一是各功能空间之间的转换在空间的艺术处理时，为了不至于过于突

图9-30   简洁明快的设计使本来狭小的走廊变得丝毫没有局促感，地面铺装浑然一气，一盏顶灯、一幅油画都使走廊不再寂寞

图9-31   走廊在这里让我们觉得已经失去了它的独立性，由于和相连接的两个大空间在色调和用材上的高度和谐一致，很好地扮演了连接两个大空间的过渡角色

图 9-32　这是某住宅餐厅和起居空间的过渡区域，镂空雕花屏风和单人布沙发构成了一个供人餐后小憩的悠闲环境，同时对餐厅和起居这两个相互开放的空间，起到了既有分隔又有联络的作用

然和生硬，需要有一个作为缓冲和铺垫的空间；二是由于建筑结构上的原因而形成的一些特殊空间（图9-32）。

对过渡空间的设计处理，指导思想和楼梯走廊的设计要求是基本一样的，区别在于过渡空间从形态上来说独立性不强，空间大多不是闭合的，往往是连接依附于某一空间，会由于对它的重视程度不够而造成设计上的缺憾。

第十节　阁楼和地下室

一、阁楼

阁楼是居室中一个比较特殊的空间，现代阁楼已从简单的储物空间、拥挤的栖身之所一跃而为都市人后花园式的情调空间（图9-33），在设计上需要注意以下问题。

1. **空间处理上要因形造势**　阁楼空间大多是不规则的顶部空间，并且屋顶多为斜坡，所以利用好空间是重点，要尽量利用建筑结构本身的造型特点来做功能上的设计（图9-34），比如墙与地板交界的三角区域，可以放上开放式隔架，做成储物空间等。除了使用者指定的功能要求外，一般来说阁楼比较适合作为辅助空间来使用，比如可以将阁楼设计成家庭图书馆、儿童游

图9-33 无论是情趣聊天室、田园休闲空间，抑或是躲进"阁楼"成一统的书中黄金屋，无一不是体现使用者兴趣爱好的精神乐园，享受空间变换给我们带来的新感受，或许也能产生一些新的生活感悟

图9-35 将盥洗间和洗衣房安排在阁楼上，从空间的利用上来说是绝好的选择，但对设计和装修也提出了很高的要求，漏水和渗水措施是关键

图9-34 设计师在这个挑高比较高的阁楼设计时，屋顶的建筑结构形态成为空间设计的表现元素，刀劈斧刻般充满力度的界面处理，使阁楼重获新生。另外，阁楼作为儿童游乐室应该是比较好的处理方式，阁楼的高度局限性在这里反而成了符合儿童生理特点和心理猎奇需求的天然条件

乐室、洗衣房等（图9-35）。阁楼一般来说并不太适合设计成家庭影院，因为3米左右的距离和一定的层高是家庭影院技术要求的必备条件，而且由于阁楼空间的限制，阁楼也不适宜音像设备的设置和投射。如果客户坚持要在阁楼上安排视听空间，为了保证音质，必须做完备的隔音处理，用吸音墙纸、地毯、比较厚重的窗帘和一些小型家具，可以起到不错的效果。

2. **阁楼设计最重要的环节是解决隔热问题** 由于阁楼位于顶层，受阳光直射，温度较高，解决办法一是加上隔热顶或铺上隔热层，如果阁楼的层高较高的话，随后可在室内做20厘米的隔热层吊顶；二是保证阁楼空气的流通，防止阁楼变成"蒸笼"；此外，预埋电路时必须考虑周全，比如预留空调线等问题。

3. **要解决好给排水问题** 美好的氛围一定要有最精细的设计和施工，否则将会很扫兴。一般来说，有的别墅项目阁楼会预留上下水，只要仔细接好就行。但大多数阁楼没有这些，需要提前设计和改造。防水渗漏也是必不可少的，阁楼卫浴空间的防水以做到顶为最佳，地面防水及距墙面30厘米做两遍，另外，防水做完待干后，要进行48小时的"闭水"试验，如天花没有湿痕，则通过，反之则需重做防水层，而最容易漏水的地方就是地漏。需要注意的是，如果上水的位置有改动，下水的位置也必须同时改动，而且需要严格按照设计图由专业人员来施工。

图9-36　阁楼工作室在墙面和顶面以木材作为装修材料，结合相同色系的淡黄地毯，使空间显得恬静舒适；利用屋顶坡面巧妙安排家具——写字台放置在中间，便于人的活动；矮茶几和坐垫构成的休闲区，也符合空间高度有局限性的要求

　　4.　空间意境氛围的创造　有的时候，恰恰因为阁楼空间形态不规则、采光不太好、比较安静的特点，反而能给设计师带来创作灵感，制造出一种极具艺术效果的意境氛围，比如将阁楼打造成一个迷离、浪漫的家庭式小酒吧也是有创意的想法。在灯光的选择上要注意符合环境氛围，建议多用移动灯具，方便走线。

　　5.　阁楼装修材料的选择　阁楼的装修材料要根据阁楼的功能设计特点来决定，通常情况下会选择一些自然亲切、质地柔软的材料，如木材、地毯、壁纸等。家具和陈设要结合空间形态，不宜使用体量大的家具，这会造成空间的局促和视觉上的不平衡。色彩的使用以中间偏暖为佳（图9-36）。

二、地下室

　　地下室从形式上常见的可分为半地下室（采光地下室）和全地下室。地下室的功能设计是多种多样的：酒吧、视听室、健身房、工作室等（图9-37）。现在人们之所以越来越注重地下室，原因是既可以得到更大的空间，还解决了一楼的防潮问题。

　　在地下室的空间处理上，除了根据使用者的功能要求外，考虑到它只有较少的天然采光或没有天然采光的因素，顶棚的处理不宜太繁复，否则会让人觉得沉闷压抑，色彩也应该以纯净明快为好；而富有生机的室内绿色植物，能大大改善地下室的视觉环境和空气质量。

　　地下室的设计重点在于解决采光和通风问题。在采光的处理中，半地下室可以通过内部的照明和外部的天然光相结合——这是一种理想的地下室采光机制。而全地下室则完全依赖于人工照明。通风问题的解决主要取决于地下室的性质，如果是半地下室，情况相对要好一些，在装修中也可以多借用宝贵的"半窗"；如果是全地下室，空气的流通问题就必须借助于安装通风设备。正是由于空气流通的问题，全地下室一般不设计成常住空间。

　　地下室装修的关键问题是防水、防潮处理。防水针对的是"天花板"（半地下室也要注意地

图9-37 将地下室开辟为自己喜欢的桌球室，和好友杀上一局，一定是件很开心的事情，旁边设有小酒吧，还可以在比赛间隙喝上一杯

面窗的密封性），防潮则是针对墙面和地面。在墙面和地面加防潮层是一个有效的方法，比如玻化砖是比较理想的地下室地面材料，另外市场上有很多不错的防潮、防水漆，它们也是地下室装修中不可或缺的材料，它们要比贴墙砖效果好得多。在材料的选择上更加要考虑到环保性能，可以多用天然材料，以增加地下室的亲和感，另外对保持室内空气质量也有好处。地下室的通风性比较差，劣质材料对人的危害就更大。在施工过程中，要严格遵守操作程序。如果墙面刷油漆，就一定得等墙面乳胶漆全干透后再做其他工序，不然很容易出现平整度不够或"小蜂窝"现象，如果需要做门套，门套的下方需要封口，以免出现霉点。

第十一节　阳台

阳台是建筑物对外交流的"眼睛"，通过精心设计的阳台，不仅能欣赏到优美的都市风光，又能领略到室外空间的自然和温馨，同时也为城市增添艳丽的色彩。

1. **阳台设计原则**　阳台是人们在居家生活中唯一能和户外直接接触的空间，对阳台的设计要遵循以下原则。

（1）实用性原则　在阳台上，人们既要活动，又要种花草，还要晾晒衣服。然而，一般的阳台面积较小，如何将大自然的万象之美收纳于这小小的方寸之间又不失其实用功能，这是设计的关键，要充分考虑到阳台的主要功能并将此项要求摆在第一位。不要过分地追求花里胡哨的表现，否则不仅对自然的理解会发生偏差，而且整个阳台的杂乱与拥挤会破坏阳台开阔的视野。

（2）安全性原则　地面防水方面，第一就是要确保地面有坡度，低的一边为排水口；第二就是要确保阳台和室内至少要有2~3厘米的高度差。防风也是要注意的问题，一是阳台门窗的密封性，二是阳台的摆饰物必须要有牢固的固定措施，尤其是高层建筑，诸如放置在阳台护栏上的花盆一定要加装围栏给以固定，成就美丽还须安全第一。

（3）健康性原则　　阳台本来就是一个享受自然阳光和呼吸新鲜空气的绝妙场所，天然的阳光还具有较强的杀菌作用。因此，阳台健康原则的第一要务就是保持阳台的充分通风和光照；第二，选用环保材料也至为关键；此外，植物的选择要适宜住宅环境，要避对人体不利的植物，以免造成中毒事件。

2. 阳台的配饰要求　　包括植物要求、材料要求、照明要求和家具要求四个方面。

（1）植物要求　　绿色植物不可贪多，不同的主题选配不同的植物，才能形成风格各异的景色。为突出装饰效果，形成鲜明的色彩对比，可用暖色调的植物花卉来装饰冷色调的阳台，或者相反，使阳台花卉更加鲜艳夺目。而光照较好的阳台应以观花、花叶兼美的喜光植物来装饰；面向背阳，光照较差的阳台则以喜好凉爽的耐阴观叶植物装饰为宜。

（2）材料要求　　应尽量考虑用自然的材料，避免选用瓷片、条形砖这类人工的、反光的材料。纯天然的材料比较容易与室内装修融为一体，如天然石，用于地面和墙身都很合适，加入一些材质较硬的原木或木方，可以减少石头带来的过硬的感觉，所选材料一定要具有防滑、防晒、易清洁的特点（图9-38）。

（3）照明要求　　阳台上的照明设计更能担当调情高手之重任，一个布置精心的阳台怎么就忍心只能在白天观赏呢？仅在阳台上安一盏吸顶灯是不够的，可选用一些吊灯、地灯、草坪灯、壁灯，来达到意想不到的效果。

（4）家具要求　　家具的大小和多少取决于阳台的大小和环境功能的要求，但必须要与阳台的主题风格相配套。

图9-38　阳台的选料中，防水和防晒功能最为重要，地面的拼贴图案设计感十足，防腐木条构成的线形极具味道，如果和文化石搭配效果也比较理想，可以增加空间的趣味感，质朴的休闲桌椅也是阳台的一景

第十二节　特殊群体活动空间环境

特殊群体主要指的是老年人和残障人，在我们正常的生活中，当肢体受到伤害、患病或怀孕时，每个人都会有一段时间是属于这些群体的。同时，随着社会的老龄化，老龄群体的队伍不断扩大，"421"的家庭人员结构更加凸显了老年人在家庭生活中的地位，许多有社会责任意识的设计师也在把注意力转向这些日益严重的社会和家庭问题。

室内设计的所有决策都必须以在一定的环境背景下生活的人为标准来权衡，多种原因使大多数老年人和残障人士选择在大部分时间里留在自己家中，那么居家环境对他们来说是极为重要的，他们对室内环境的要求也因此而有别于常规：由于体能和灵活性的降低而会觉得正常的空间显得过于宽敞；随着视力的下降，对光线和色彩的要求更高；行动不便则对家具、装修居室的材料和空间的尺度都有着特殊的要求。不但要根据有关的规范条例，从目的性、方案内容及实际设施上考虑到他们的起居、日常事务、个人爱好习惯、社会接触及文娱体育活动等方面的需求情况，以体现他们早先生活方式的连续性，最重要的目标就是尽可能维持其独立的生活能力，保持其人格的尊严，使设计方案更加人性化和人文化。那么特殊群体居住环境的设计规划要满足那些需求呢？

1. **尊重的需求**　他们大多都比较敏感，有的甚至情绪低落，有自卑心理，如果得不到尊重，就会产生悲观情绪而自我封闭，甚至不愿走出自己的房门，长期下去，则会造成抑郁和消沉，引起新的疾病，变成一种恶性循环。设计师可以通过空间环境的设计，营造和睦的家庭环境，家人互敬互爱，互相帮助，让他们感到家庭的温暖和幸福，没有被边缘化的感觉，尽量使他们保持正常的生活方式，尽可能地让他们接近和融入正常人的生活。

2. **活动的需求**　空间大小适中，太大显得冷清，太小行动不便。在空间的活动上他们希望环境的设计和设施有助于他们接近正常人或能够比较自由地按照自己的意愿进行活动（图9-39、图9-40）。在这里首先要做到的就是居住空间的无障碍化，如消除室内高差，加大人流通道和门的尺度，在相关部位设置扶手，地面要经过防滑处理，卫生间的门改成移动门或向外推拉（卫生间一般空间较小，尽量保证卫生间有较大的回旋余地，这样便于轮椅进出和家人的帮助）等，具体可参考《老年建筑设计规范》，对于各空间部位的具体尺寸都有明确而详细的规定。

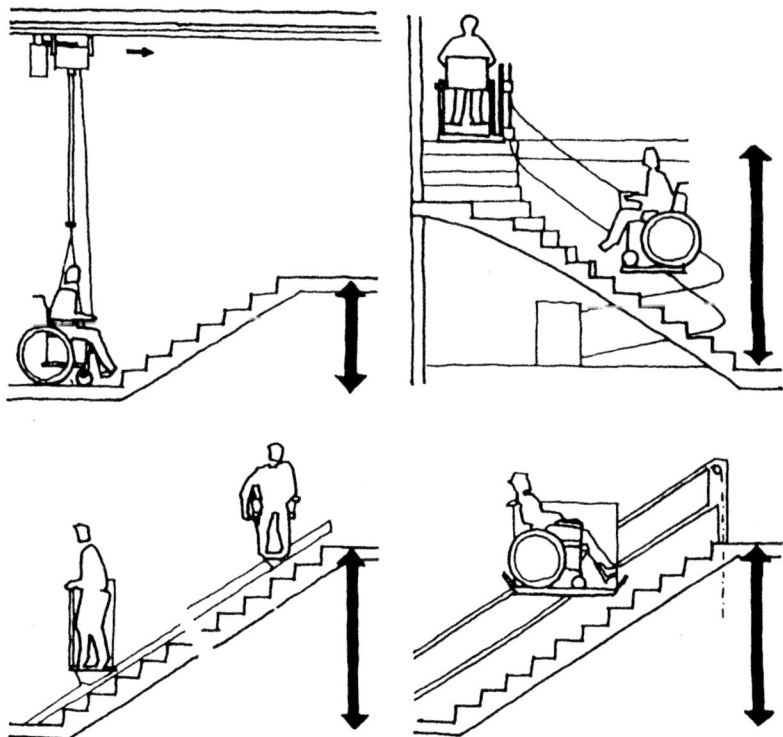

图9-39　这是为有行动障碍人士设计的垂直空间上的交通辅助设施，在一些发达国家已经在家庭环境里大量使用，为他们的居家生活提供了极大的方便

3. **生活的需求** 这里主要是指生活设施要适应他们的生理要求，比如家具尽量选用圆角以减少身体的磕碰伤害，开关和橱门的把手需要选用尺寸大点的以适应他们下降的认知能力，电源插座要安装在离地面1米高处以方便他们使用，室内使用的色彩尽量要轻松明快，一般不使用冷色调等。

4. **依存的需求** 不可否认，特殊群体的生活是需要家人的照顾和帮助的，他们的居住空间要尽量靠近家里其他人的居住空间，最好能够安装报警呼叫装置，在他们需要时能在最快的时间内得到帮助。

5. **工作的需求** 特殊群体人员大多尚有一定的工作能力，他们希望在力所能及的情况下能够从事一些简单的工作，以体现自身价值。设计师在做环境规划时应该了解他们的兴趣爱好和特长，有针对性地为他们设计出适合和方便他们工作的区域。

6. **动静相宜的需求** 每个人对安静和热闹的喜好是不一样的，残障人员一般喜欢热闹，而老年人也不是都喜欢安静的，增加与家人的接触和沟通会让他们心情愉悦，但有独立的空间对他们来说也是重要的，这样他们可以按照自己的喜欢和意愿而加以控制。

（a）

（b）

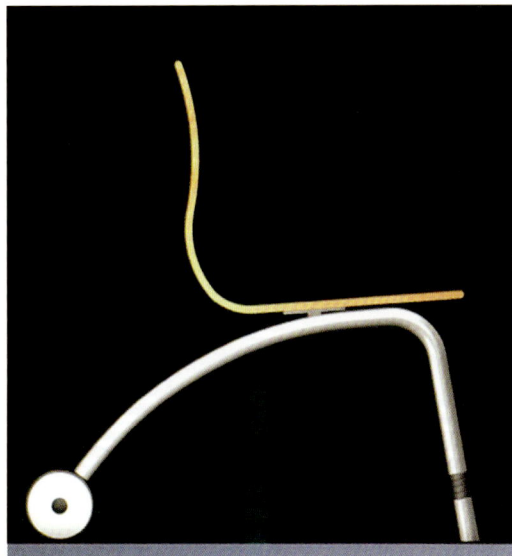
（c）

（d）

图9-40 为老年人设计的椅子系列，带有轮子，便于推动，也十分美观实用。设计师为了给老年人设计一件行动辅助工具，采访了很多人，询问他们老了之后的需求。设计的灵感来自虾移动时的模样，其功能可以使不同高度的人舒服地坐或躺，其硅胶靠背、易拆洗座椅套垫和滑轮等细节，都是为行动不便的老年人量身定做的贴心设计

第十章
公共建筑室内环境设计

具有公共性质和社会性质的建筑称为公共建筑，公共建筑的室内建筑空间就是公共建筑空间。公共建筑空间的室内设计是围绕建筑既定的空间形式，在保证使用的合理性、科学性和综合管理的标准性等使用功能的前提下，通过设计师的设计创意，满足使用者的审美需求和文化取向。公共建筑由于体量较大，在顶盖结构、空调、消防设施及使用者的视听和疏散安全等方面，设计时都要有相应的特殊的处理要求。由于公共建筑空间种类繁多，我们结合本科室内设计的教学要求，只对常见的典型空间做具体介绍。

第一节　办公空间

一、办公空间的形成与前瞻

　　当代办公建筑及室内设计的发展，尽管创作背景、设计思想与手法各不相同，但我们也不难对办公空间设计趋势作一些前瞻性的预测，这些趋势与特点必将对办公类建筑室内设计的发展产生深远的影响（图10-1）。办公空间设计的发展趋向，实际上都是人性化办公的具体显现。大公司组织管理的变化体现出这样一个趋势，即逐渐分散成若干规模不大，更容易管理的工作单元，以保障更多的自主性和员工的个性发挥，中央商务区也将演变成一个信息交流和展示形象的区域。

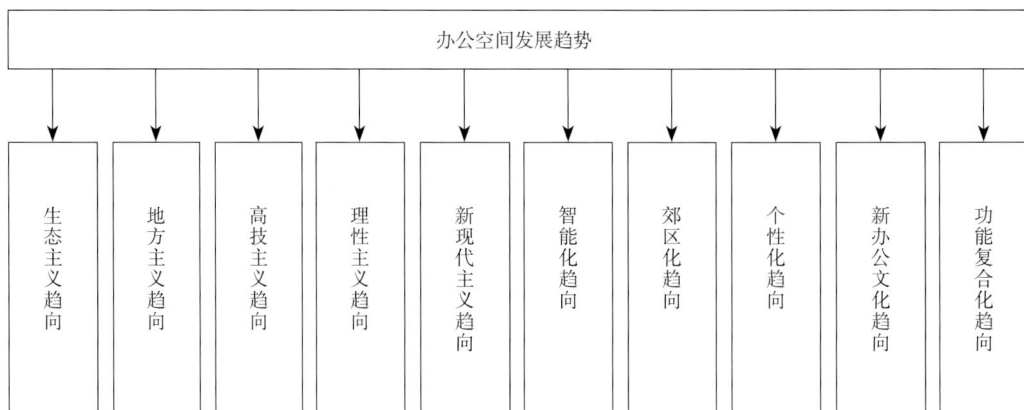

图 10-1　办公空间发展趋向

　　随着办公空间日复一日的日常工作逐渐被计算机代替，可以预测，办公室最终将成为会见交流的场所，而不再是处理事务的地方了。同时，随着对技术前瞻性和个性化需求的提高，办公空间对设计师要求具有更广泛的技术和美学知识，以及环境心理学、高级人类工程和生态学等知识。

二、办公类建筑室内设计的基本功能

　　办公类建筑室内设计的形式是随着时间的变化而变化的，我们现在着重讨论的办公空间，是在现阶段还普遍存在和流行的，即通常设立在行政区、商务区或企业内，由若干人员为一个"单位"共事，并共同使用一处场所的办公空间，也就是通常理解的具有普遍意义上的办公空间（图10-2）。

三、办公建筑空间的基本分类

　　办公类建筑室内空间，应根据使用性质、规模与标准的不同，确定各类用房。一般由办公空间、公共空间、服务空间和其他附属空间组成。从办公室的布局形式来看，主要分为三大类。

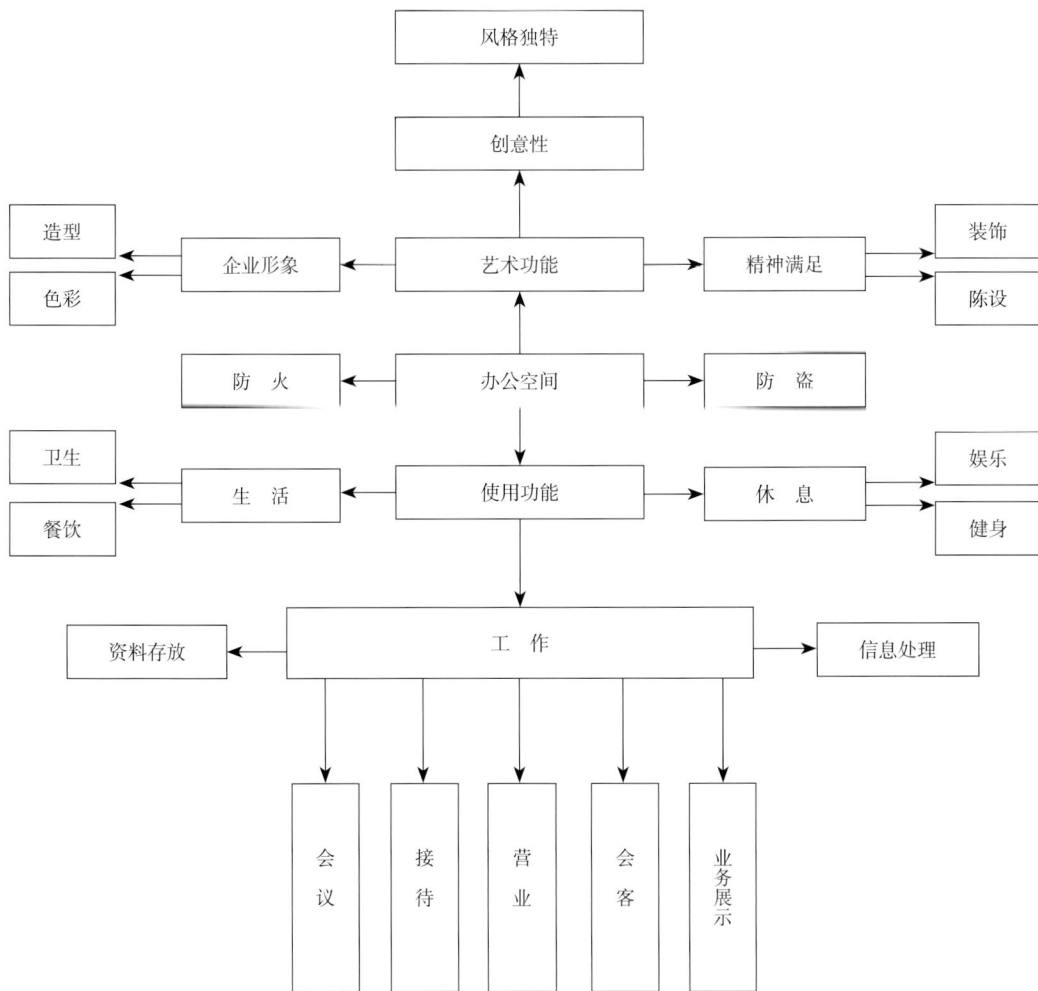

图 10-2　办公空间室内设计功能

1. **独立式办公室**　以部门或工作性质为单位划分，优点是各独立空间相互干扰较小，灯光、空调等系统可独立控制，同时还可以用不同的装饰材料；弊病就在于空间不够灵活，相互之间缺乏直接的联系。

2. **开放式办公室**　将若干部门置于一个大空间之中，将每个工作空间通过矮隔板分隔，形成自己相对独立的区域，便于相互联系和合作。采用开放方式的设计最初是为便于管理，而不是为了职员个体，因此，开放式办公空间的成功与否，不但取决于空间组织形式，还要关注办公人员个体的私密性和心理感受。

3. **景观办公室**　其特征具有随机设计的性质，完全由人工控制环境，通过对大空间的重新划分处理，形成完全不同于原空间的新的空间效果和视觉感受，反映了一定的造型语言和风格倾向。其工作位置的设计反映了组织方式的结构和工作方法。此类办公空间一般能较充分地体现个性特征和专业特点。小型的专业公司一般偏爱于此类表现手法，如设计工作室等。

四、现代办公空间设计的基本要素

人与机、人与人、人与环境这三组关系，就是现代办公空间的设计要素。

1. **人与"机"的关系**　对办公空间（包括设备）来说，最关键的就是"人—机"关系问题。在"人性化"的现代办公设计中，应以为工作人员创造优质的工作环境为宗旨，以实现人与机器的有机协调为目的。

（1）办公设备　网络时代的技术发展突飞猛进，企业为了提高工作效率和生产力而选用高科技的视讯、电讯、网络等设备，室内设计师对此要有足够的了解才行，否则，就只会重视外在的表现，而忽略了功能的实用性。

（2）办公家具　办公家具的选用应充分考虑使用者的业务性质，注重人体工程学原理，并采用富有人情味的工艺造型及色彩。

（3）信息管理　办公室是信息产生、处理和归档的场所，但在信息越来越多时，就必须要考虑整个信息生产系统和空间的管理，这要求设计师为业主配置符合功效科学的工作空间和设施，以及便捷地进行资料检索和抄送存储体系所需的充裕的存储空间。

2．**人与人的关系**　人与人之间要靠经常性的接触、交流才能产生互动，因此，办公空间应成为一个同事间的碰面、汇集资讯、并能在和谐的气氛之中交流和协作工作的场所。办公室既要保证个人的私密性，又要使同事之间有较多的接触机会，这样才能创造出良性的工作环境和团队合作氛围。

3．**人与环境的关系**　人与环境的关系表现在两个基本方面，即人对环境的感知和人对环境的要求。

（1）人对环境的感知　即人们对环境的感受，这种感受是多种多样的，环境的空间形态、尺度、色彩、质感、光照等都会给人带来不同的感受，从而影响人的工作效率和人与人之间的相互交流与协作。

（2）人对环境的需求　人是环境的主体和服务目标。因此，当代的环境设计以人对环境的需求为创作目标，从而满足人的各种需求。在对待空间的需求中，人们的生理需求较容易得到满足，而心理的需求却是广泛、具体而细微的。

五、现代办公设计创意的基本理念

现代办公空间设计具有四大创意理念。

1．**协作**　现代办公空间，体现了集体合作的重要性，集体解决问题不再依靠偶尔利用的、缺乏个性的会议室或私人办公室。提供有利于人们连续合作的工作空间，已成为办公空间设计的重要部分。

2．**流动**　现代办公环境鼓励人们在任何地方以任何方式工作，流动性工作的概念容许把工作变成一系列的旅途，创造机会让人们偶然相遇，随意会面。由于这些都是自发产生的，并没有事先计划，因而更具创造力，更能提高工作效率。

3．**交流**　现代办公空间中，传统公司里的流水作业让位于更具流动性、更先进的工作方法，知识要由人们去促进、增长、交换、共享和转换，使办公室变成充满学习气氛的环境。

4．**社区**　办公空间内，人们越来越认识到工作是具有社会动力的，这种动力具有生产性和价值。新型办公空间内部甚至可以设置街道、游廊、咖啡厅和宽敞的干道等模拟真实生活场所的区域，形成多样的工作空间，由这种思路产生的微缩社区造就了更多具有创造性及协作性的办公空间设计风格。

六、办公空间设计实例分析

案例　CDS办公室
地址：日本东京
建筑面积：810m²
由招募多国专家组成的CDS东京办公室设计是一个更新和最大限度地发挥其现有的二层楼宇价值的设计，将二楼转化成为一个高效和现代的工作空间，其下方一楼是时尚而有吸引力的会议采访设施。

  CDS的全球性多元化员工组成激励着要营造一个跨越西方和日本办公室文化的、更具协作性的工作空间。在日本非常典型的是，工作人员在自己的办公桌前工作时间长，但他们在自己的专家团队中也高度参与。通过营造更高的透明性，挑战公司的员工突破他们固有的团队文化，新的开放促进了自发的沟通，并在桌前和户外绿茵间创造了一个重要的视觉联系。

  轻松工作和会议场所的多样性创造了全天内移动与互动的机会。中央拷贝——交汇点促进了小团队的短会；宽敞的沙发区鼓励了休闲聚会远离办公桌，以免打扰工作的同事；同时，一个有吸引力的厨房和休息室模糊了休息和富有成效的会议之间的边界。

  定制的木质灯具向上及向下投射光，从而让混凝土板反映漫射光。圆形的中央会议室通过优雅木框架支持的有机玻璃墙围合成更加敏感的内部会议场所。

  CDS塑造出干净、现代、时尚的气息。设计师与高层管理人员的密切合作，评估和调解他们的不同需求，然后通过设计形成一个中心的主题。十三间会议室——其中一些可以被重新配置为一个60个座位的会议设施——提供多种会议形式和氛围。圆形银色的"核心"由一个黑色跑道带环绕：一个带领应聘者通过他们的职业生涯之旅而没有死角的环（图10-3）。

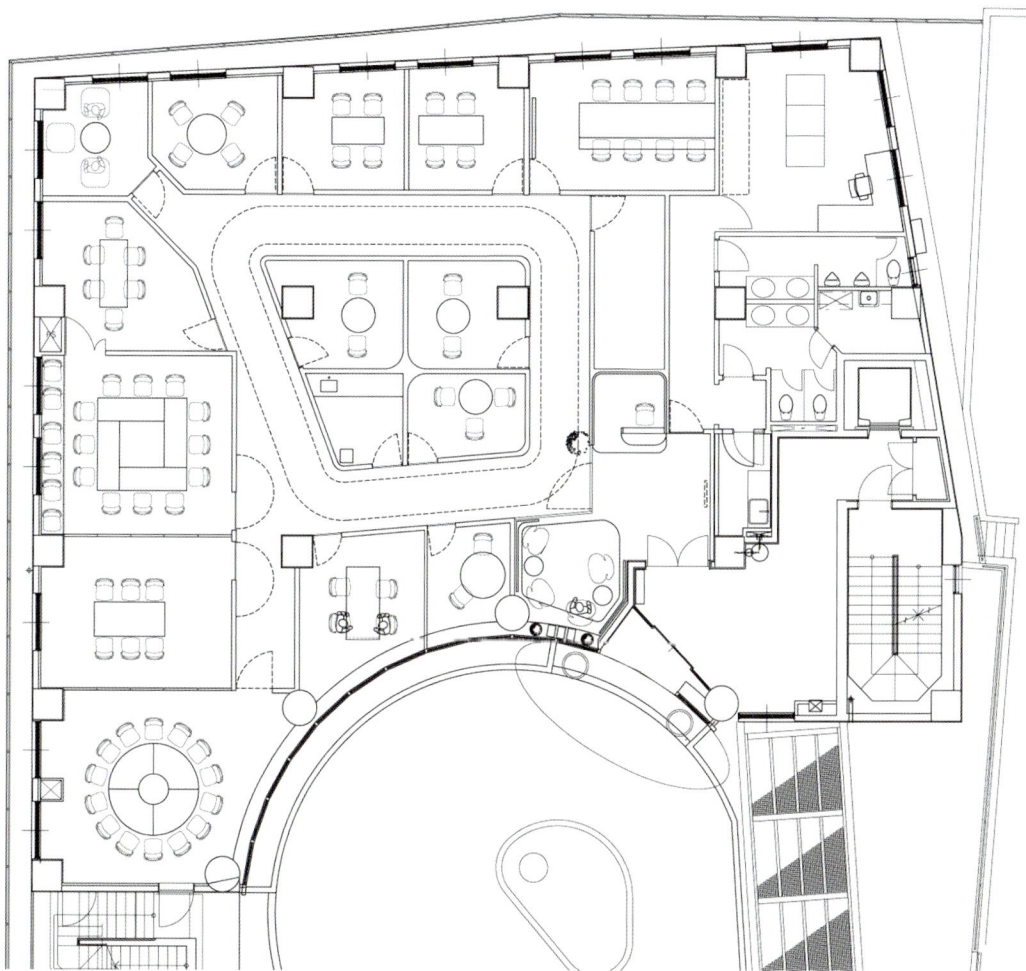

Ground Floor Plan

图 10-3a   一层平面图

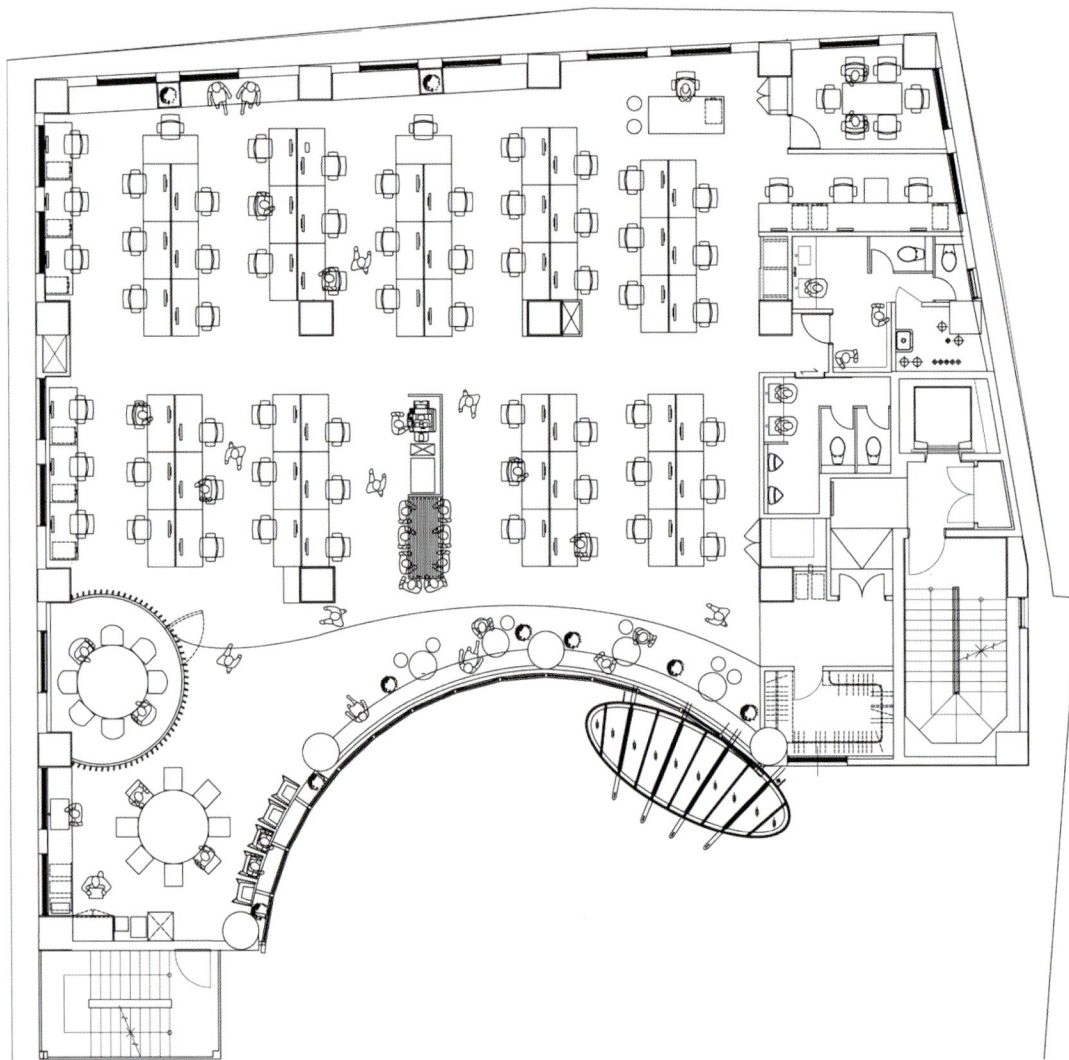

Second Floor Work Space Plan

图 10-3b　二层平面图

图 10-3c　走廊

图 10-3d　小型会议室

图 10-3e　接待区走廊

图 10-3f　多样性的会议室空间形态的限定

图 10-3g　中央拷贝区

第二节　餐饮空间

一、餐饮建筑的分类、分级和设施

餐饮建筑的种类划分可有多种方式，针对营业性餐饮建筑，按其经营内容，将餐饮建筑划分为餐馆和饮食店两种类型。

餐馆，包括饭庄、饮馆、饭店、酒家、酒楼、风味餐厅、旅馆餐厅、旅游餐厅、快餐馆及自助餐厅等，以经营正餐为主，同时可附有快餐、小吃、冷热饮等营业内容。供应方式多为服务员送餐到位，也可采用自助式。一级餐馆为接待宴请和零餐的高级餐馆，餐厅座位布置宽敞，环境舒适，设施与设备完善；二级餐馆为接待宴请和零餐的中级餐馆，餐厅座位布置比较舒适，设施与设备比较完善；三级餐馆以接待零餐为主的一般餐馆。

饮食店，包括咖啡厅、茶馆、茶厅、单纯出售酒类冷盘的酒馆、酒吧及各类风味小吃店（如馄饨铺、粥品店）等，统称为饮食店。与餐馆不同的是，饮食店不经营正餐，多附有外卖点心、小吃及饮料等营业内容。供应方式有服务员送餐到位和自助式两种。一级饮食店有宽敞、环境舒适的高级饮食店，设施与设备标准较高；二级饮食店为一般饮食店。

二、面积指标

在《饮食建筑设计规范》里规定了餐厅及饮食厅每座最小使用面积（表10-1）。

表 10-1　　　　　　　　　　　餐厅与饮食厅每座最小使用面积

等级	类别	
	餐馆餐厅（m²/座）	饮食店饮食厅（m²/座）
一	1.30	1.30
二	1.10	1.10
三	1.00	

餐馆的建筑面积指标为：一级餐馆为4.5m²/座；二级餐馆为3.6m²/座；三级餐馆为2.8m²/座。

三、餐馆与饮食店的组成

餐馆的组成可简单分为"前台"及"后台"两部分，前台是直接面向顾客，供顾客直接使用的空间：门厅、餐厅、雅座、洗手间、小卖部等，而后台由加工部分与办公、生活用房组成，其中加工部分又分为主食加工与副食加工两条流线。"前台"与"后台"的关键衔接点是备餐间和付货部，这是将后台加工好的主副食递往前台的交接点（图10-4）。

饮食店的组成与餐馆类似，只是由于饮食店的经营内容不同，"后台"的加工部分会有较大差别，例如以经营包子、馄饨、粥品、面条等热食为主的，加工部分类似于餐馆，而咖啡厅、酒吧则侧重于饮料调配与煮制、冷食制作等，原料大多为外购成品（图10-5）。

四、厨房设计要点

1. **平面设计要点**　厨房是餐馆的生产加工部分，功能性强，必须从实际使用出发，合理布局，主要注意以下几点。

（1）合理布置生产流线，要求主食、副食两个加工流线明确分开，"初加工—热加工—备餐"的流线要短捷通畅，避免迂回倒流，这是厨房平面布局的主流线，其余部分都从属于这一流线而布置（图10-6）。

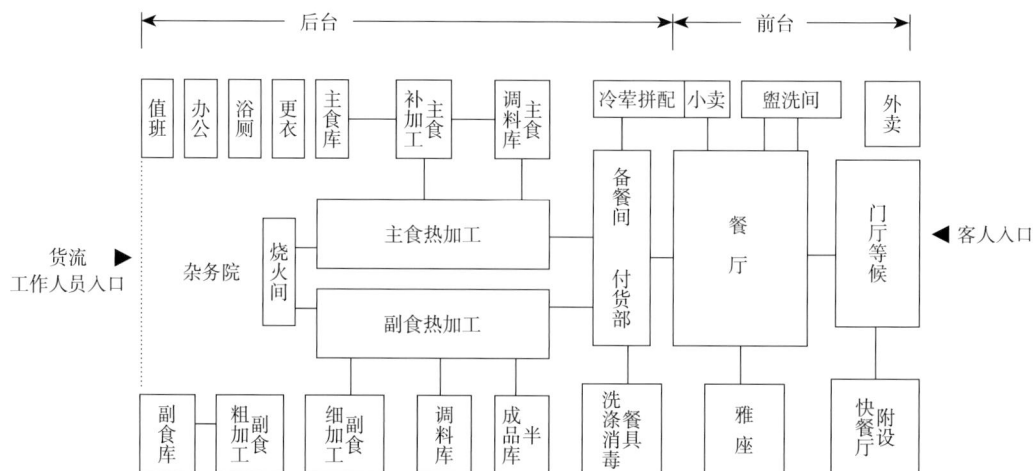

图 10-4　餐馆功能空间组成示意图

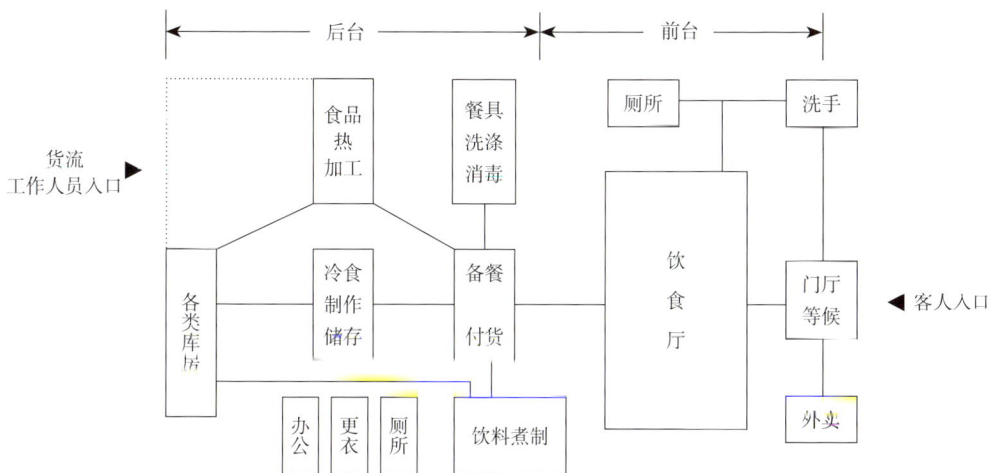

图 10-5　饮食店功能空间组成示意图

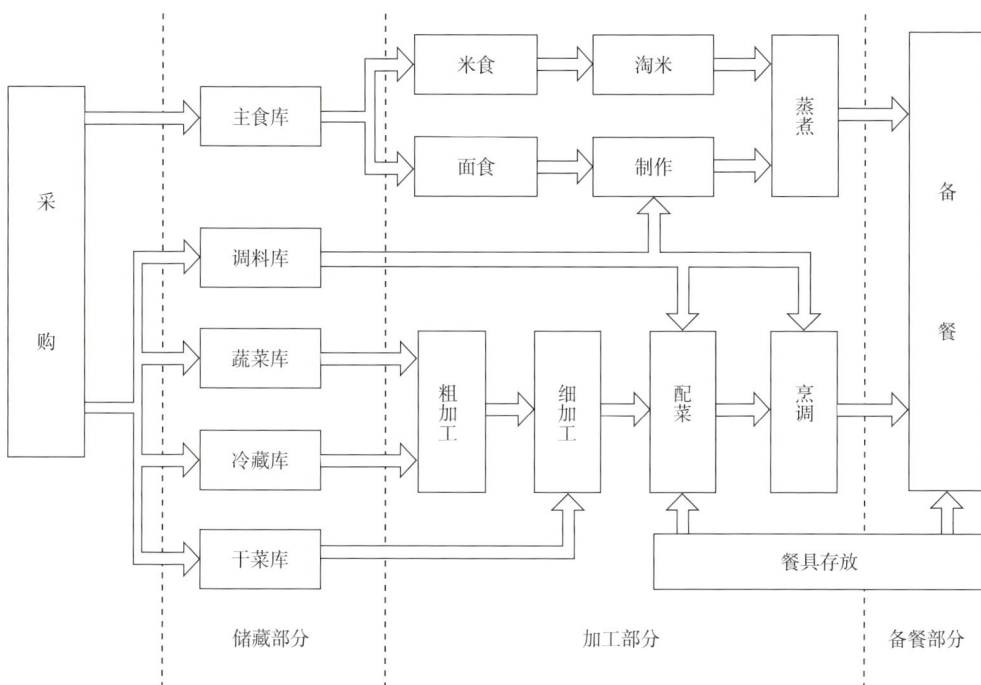

图 10-6　厨房生产流线示意图

（2）原材料供应路线接近主、副食粗加工间，远离成品，并应有方便的进货入口。

（3）洁污分流：对原料与成品、生食与熟食，要分隔加工和存放。冷荤食品应单独设置带有前室的拼配间，前室中应设洗手盆。垂直运输生食和熟食的食梯应分别设置，不得合用。加工中产生的废弃物要便于清理运走。

（4）工作人员须先更衣再进入各加工间，所以更衣室、洗手、浴厕间等应在厨房工作人员入口附近设置。厨师、服务员的出入口应与客用入口分开，并设在客人见不到的位置。服务员不应直接进入加工间端取食物，应通过备餐间传递食品。

至于饮食店（冷热饮店、快餐店、风味小吃、酒吧、咖啡店、茶馆等）的加工部分一般称为饮食制作间，饮食制作间的组成比餐馆简单，食品及饮料大多不必全部自行加工，可根据店的规模、经营内容及要求，因地制宜地设计；而快餐店、风味小吃等的制作间实质与餐馆厨房相近。

2．厨房布局形式

（1）封闭式　在餐厅与厨房之间设置备餐间、餐具室等，备餐间和餐具室将厨房与餐厅分隔，对客人来说厨房整个加工过程呈封闭状态，从客席看不到厨房，客席的氛围不受厨房影响，显得整洁和高档，这是厨房用得最多的形式。

（2）半封闭式　有的从经营角度出发，有意识地主动露出厨房的某一部分，使客人能看到有特色的烹调和加工技艺，活跃气氛，其余部分仍呈封闭状态。

（3）开放式　有些小吃店，如南方的面馆、馄饨店、粥品店、大排档等，直接把烹制过程显露在顾客面前，现制现吃，气氛亲切。

3. **热加工间的通风与排气**　厨房在热加工过程中产生大量油烟、二氧化碳及水蒸气，室内空气混浊。同时，炉灶辐射热量大，夏季室温很高，厨师长时间在高温及油烟废气下工作，十分辛苦，也有碍健康。在设计厨房时，必须把通风与排气作为重要问题，着力加以解决，同时要防止厨房油烟气味污染餐厅。在方案设计阶段，就要从平、剖面设计来解决好通风与排气问题，主要有以下措施。

（1）热加工间应争取双面开侧窗，以形成穿堂风。

（2）设天窗排气。

（3）设拔气道或机械排风。

（4）将烤烙间和蒸饭间分隔设置。

厨房的通风问题比较经济合理的解决办法是"局部排风与全面通风相结合"，即首先用排气罩、拔气道、风机等局部排风手段将废气从炉灶附近集中抽走，减少对炉灶以外区域的影响，而以侧窗和天窗解决全面通风换气。

4. **地面排水**　厨房加工过程会产生大量污水，由于污水中含有大量油污，容易凝结于沟壁、管壁，造成堵塞。因此在水池、蒸箱、汽锅及炉灶等用水量较大的设备周围，都应做带箅子板的明沟来排水，可随时掀开箅子板进行清理。明沟断面要足够大。地面要有一定的坡度，坡向明沟。厨房污水须经除油处理后，方可排向污水管网，因此，在厨房污水出口处要设"除油井"，除油井应布置在室外，以免气味返到厨房。

五、餐饮空间设计实例分析

案例"特殊的构成"——意大利餐厅

地点：荷兰鹿特丹

这是一家意大利风格的餐厅，周边随处可见的工业化符号构成了这里主要的景观，将它命名为Fabbrica是因为在意大利语中Fabbrica就是工厂的意思。在设计中，我们将这里定义为一个特殊的工厂：一个为客人制造愉悦的非常浪漫的地方。就像一般的工厂餐厅那样，在这里你也会发现长长的桌子和凳子，但不同的是，在这里运用了粉红色和淡草绿色等意大利冰激凌店惯用的色彩风格。烤炉被设置在一个巨大的容器中，其表面点缀着意大利风格的镶嵌图案。旁边钢结构中储满木材，不但构成富有特色的墙体，而且也解决了烤炉的后顾之忧。这里的每一个细部，都力求将工业的力量感与柔和的颜色及装饰性的元素完美地融合。

对于那些真正体现19世纪仓库工业特点的元素，都原封未动地保留了下来，所有的结构都保持了最初的原始状态。比如说，将墙体完整地保留了下来，并在几处墙的前面新做了玻璃护墙板，上面贴满了意大利风格的墙纸。这样一来，经过复杂的反射作用，那些墙面上的图案就好像是漂浮在了空间中，非常有趣。

情侣们在这里得到特殊的礼遇，他们可以坐在悬浮于餐厅中央的，像火车结构一样的椅子上享受浪漫时光。此外，Fabbrica设计了它的标志，这一设计看起来就好像一个纯手工制作的比萨，但是也可以将之视作圆月，在夜晚照耀Fabbrica（图10-7）。

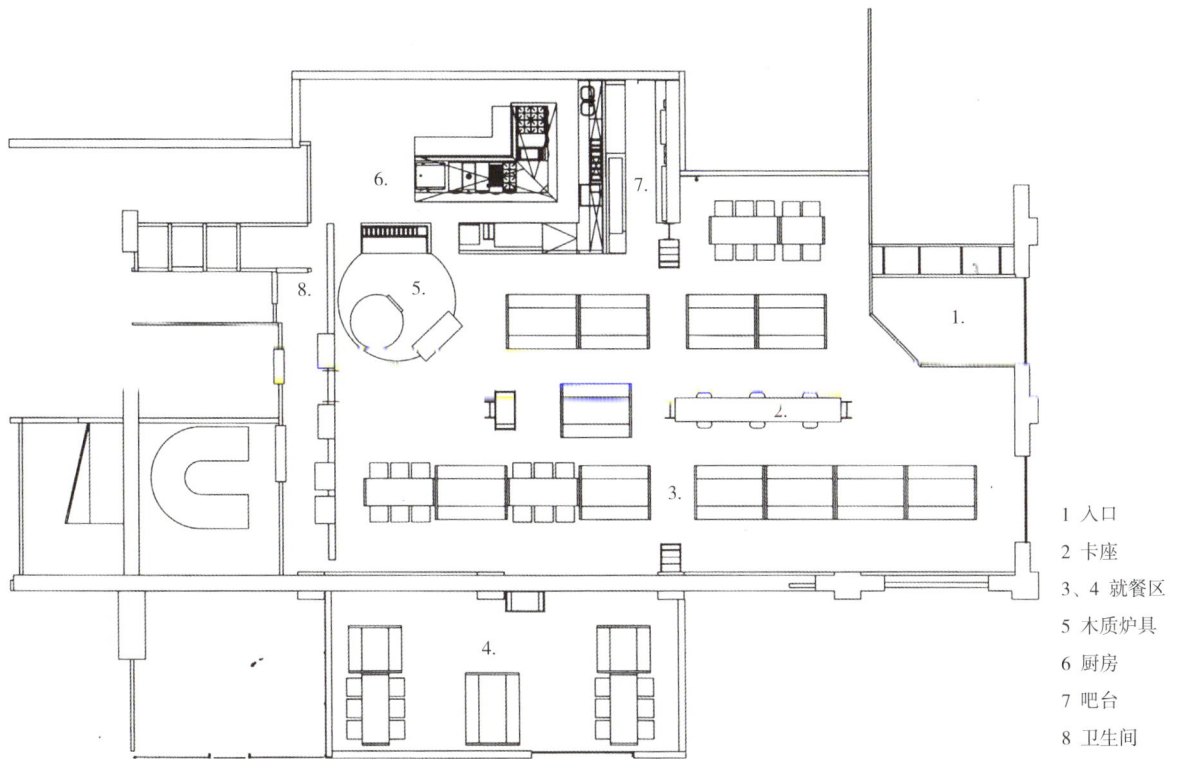

图 10-7a　平面图

1 入口

2 卡座

3、4 就餐区

5 木质炉具

6 厨房

7 吧台

8 卫生间

图 10-7b　长长的桌子和凳子，勾起人们对工厂餐厅的记忆

图 10-7c　为情侣设计的餐区别具一格

图 10-7d　储存满木材的钢结构构成了富有特色的墙体

图 10-7e　厨房工作区，近在咫尺的充足木柴，方便厨师的工作

第三节　商业空间

我们将专卖店作为本节主要的介绍内容。

一、专卖店的设计原则

专卖店分为同类商品专卖店和品牌专卖店两类，其设计原则如下。

（1）空间环境的个性塑造应依据商店的专业性质、场所环境、服务对象、业主的要求等相关资料与信息进行创意设计。

（2）在专业商店的各种流线设计中应以减少"死角"为原则，合理安排各功能空间。

（3）展示与陈列设计应以突出商品为基本目的，环境气氛的营造、展示道具的设计必须围绕商店性质和商品特征来进行，主次不能错位。

（4）专业商店在消防、隔热、通风、采光、除尘等设计中，除符合规范外，还应根据专营商品特点作相应处理。

（5）便利设施和人性化服务是吸引顾客、促进销售的有效投资，比如提供休息座椅、盥洗间等，营造人性化商业购物环境。尤其是现在电商的发展对实体店冲击极大，实体店的经营模式也在发改变，体验式的综合经营（购、玩、娱乐、休闲一体化）模式或许会成为今后的发展方向。

二、专卖店的设计要素分析

专卖店大多是以相对封闭的形式体现，封闭的原因是由于货品的独立性、品牌和销售管理上的要求。但大多数封闭区域并不完全孤立，购物中心的店中店就是最有代表性的。

专卖店的设计不仅需要突出商业品牌特色，还应注重与周边环境的协调性。而内部空间的布局也与开放空间不同，其布局流程大致有以下形式。

1. **形象展示**　一般都会有一个主要形象区域，将商品及企业品牌通过艺术的表现手法进行展示，在商品陈列部分亦有形象展示的渗透。

2. **空间和界面处理**　在专卖店的空间设计中，有两个最重要的方面须加以重视：立面与视觉效应、空间与流动性。很多时候商业室内设计的任务就是在已有空间的基础上进行修改，并对这些空间进行重新分割、分层和界定，改变空间与空间之间的关系。在开始进行设计之前，独立的商业室内空间与商业建筑物立面及其周围之间一定存在着一种模糊、复杂的联系。因此，设计师的作品不单单是室内设计，还应该是一种都市化的陈设布局，设计师必须能够想象得出，自己的空间设计将会对商店内部和外部的人们产生怎样的影响（图10-8）。

顶棚、墙面、地面是营造空间环境气氛的重要因素，专卖店的顶棚、墙面、地面设计有别于超市的要求，必须按照总体设计风格和要求突出特点，个性化的表现和品牌内涵的含蓄表达是设计上需要重点考虑的。

3. **别具特色的店面设计**　门面设计应该与店内形象展示相互呼应，不管什么样的销售形式，商家都希望在顾客心中留下深刻的购物印象，并树立自己的品牌形象，这样反过来也能创造更高的销售额。品牌形象能通过各种手段来实现，各个不同的商店都会有不同的吸引顾客的造型手段，而门面的形象展示显得尤为重要，它使顾客进入店铺前获得第一印象，做得好的店面不仅应该造型新颖，具有个性，而且能将品牌风格鲜明地呈现出来（图10-9）。

4. **导购系统**　专卖店注重对商品细致地描述，导购系统趋于多样化，随着工艺技术的不断发展，更多更新的材料和新技术被运用于视觉传达中，导购系统的视觉传达设计的要点有以下几点：导购的功能是通过符号形象传递商品质量、特征、商店经营及销售服务方式等商业信息，以招徕顾客；导购常用的广告手段有文字、图形、色彩、声像等，广告的表现形式分为动态与静态两类，而且愈来愈重视顾客的参与和体验；良好的导购系统应具有良好的视

图 10-8　Moda Bagno-interni专营店，建筑是一个巨大的12m（H）×14m（W）×16m（D）的盒子结构，街道的表皮覆盖开阔的金属，并穿插着不同的开口结构，这些开口提供从外到内、从内到外不同的视野。杉木的框架定义开口，它集中的排布呈现出严谨的效果，规定了视野的方向

图 10-9　区别于国内多数传统茶叶店面的设计模式，T-Magi店面设计采用无色系的黑白来体现茶叶的淡雅，正对橱窗的货柜和收银台通过透光的圆孔勾勒出茶壶的轮廓，非常写意，同时又是很抢眼的店面识别符号，吸引过往的行人入店

觉效果，比如用简短的文字、独特的造型、明快的色彩等，使人一目了然；导购系统中的标识设计，在设计中应该规范，针对其位置、尺寸、式样、比例、色彩、使用材料、安装方式等作综合考虑。

5. **商品展示**　商品展示区是店内主体，但由于一般店面都面积有限，所以在商品陈列时应将商品分类展示，并选精品陈列，展架的设计应和谐统一。作为小型展品的展示，展柜形式和照明尤其重要，在制造良好的氛围吸引顾客进入店面后，每一个展品都应有恰当的位置和光照，但又要避免零乱，所以需要根据不同的展品进行分区，每一个区又有自身相对独立的展示面。一定不能忽略可视空间的舒展性，不能将展品排列得太满，应留有一些空间点缀装饰品，如陈设花卉等。展品的展示布置面，应按照构成的理念来得排列，整齐划一，错落有致，这样才能使店面空间灵活多变，耐人寻味，达到远观其景、近看其致的空间效果（图10-10）。

6. **照明要点**　专卖店应该根据不同季节及每一新系列产品的推出，对照明进行重新定位与更换。不同光源的有效组合，能够使展示环境形成一种有趣的对比，灯光照明能够为展示区营造出一种整体的气氛，将其独特性强调出来。

7. **商业橱窗设计要点**　商业橱窗的设计是专卖店展示设计的要点和重点。橱窗是商店的推销员，用来宣传企业的形象，刺激商业行为的产生，是一项面向顾客最具实效的传达信息的技术。借助顾客对色彩识别的喜好规律，营造提醒式购买模式，唤起顾客的购买欲望，由此达到企业和产品所体现的动感、质感和美感，为商业促销和商家形象带来最大的价值。

8. **道具**　商品展示设计的最终目的是把人们的注意力吸引到所展示的商品上来，道具对在橱窗及商业空间内展示商品起到了重要的辅助作用（图10-11）。在风格上，道具可以作为一件艺术作品为商业空间营造出相应的氛围。在功能上，道具可以促进展区内商品的销售。还由于其独特的品牌或构造，道具具有人性化特征。尽量减少使用那些千篇一律和毫无特色的道具，可以通过一些装置，在展区内营造出一种动态空间效果。

9. **其他辅助设施**　因为专卖店是相对独立的经营体系，所以必须具备完整的经营流程。可以根据相应的可用面积作合理布局。在考虑店堂布局和形象的同时，办公室、员工休息更衣室，尤其是仓储空间不能忽略，一般来说店内的仓储应因地制宜，在不影响外部美观及陈列效果的

图 10-10　Camper专卖店，开放的空间中，像是解说人凸出的有机元素，雕塑感十足

图 10-11　服装专卖店，隈研吾设计，店内用木板搭建的蜂窝结构，象征着羊绒衫的针织空隙，体现其产品的柔软、舒适及透气性，这一元素贯穿整个店面设计

情况下进行空间安排。在服装店内，更衣室是必不可少的，更衣室要注重外部的美观和内部的实用性。还可以根据空间安排一些顾客的休息设施，以体现商家细致入微的服务。

三、商业空间实例分析

案例　SND fashion store

项目地点：重庆WFC商场

总建筑面积：180m²

设计用材：白色半透明玻璃纤维板，回收木板，灰色毛毡，镜面玻璃，钢结构材料

店铺展示区域包括：服装、鞋类、首饰、眼镜、设计单品、书籍、休息区、DJ台、2间试衣间、办公区域。设计师开始这个店铺的设计构思时，只有一个简单却又引人入胜的想法，那就是所有的设计元素都将"从天而降"，因此顾客将有充足自由的购物浏览空间而不被一般店铺底面中所摆放的家具和销售单品所阻碍。

首先使用一个模型软件来模仿用材的物理特性，创造出一个可拉伸、有张力的天花吊顶，仿佛真实地被各类物件的重量所影响从而垂坠了下来。其次考虑到了店铺中所必需的一些设备，例如照明、音响、消防喷淋、摄像头、空调和通风等，所以"可渗透"型的半开式吊顶外观想法则理所应当地浮出了水面。以上是垂坠吊顶的创作本意，好似对转瞬即逝商品的片刻拥抱支撑。

使用极薄半透明玻璃纤维的原因在于该材料不仅有极高的阻燃性，同时还能反射灯光，从而达到精彩壮观的照明效果，最终创造出空灵柔美的天花吊顶景观设计，为所有"时尚的羔羊"提供了无与伦比的购物氛围。尽管店铺的面积规模不大，上万片的垂坠片又绵延不绝，但是设计中安置的镜面玻璃巧妙地缓解了这个问题，与此同时还创造出了变化丰富的内部环境，让购物者忘我并迷失于这片时尚"帘洞"中。这片谜样的天空垂坠片无疑是该空间的绝对主角，因此使用了回收木材装点室内铺地及墙面，而在整体环境中更凸显坠片所制造的"幻境"。

店铺外立面仅用半透明的磨砂玻璃来映衬出店内垂坠片剖面图，从而创造出简约但壮观的外观效果，以吸引更多的访客（图10-12）。

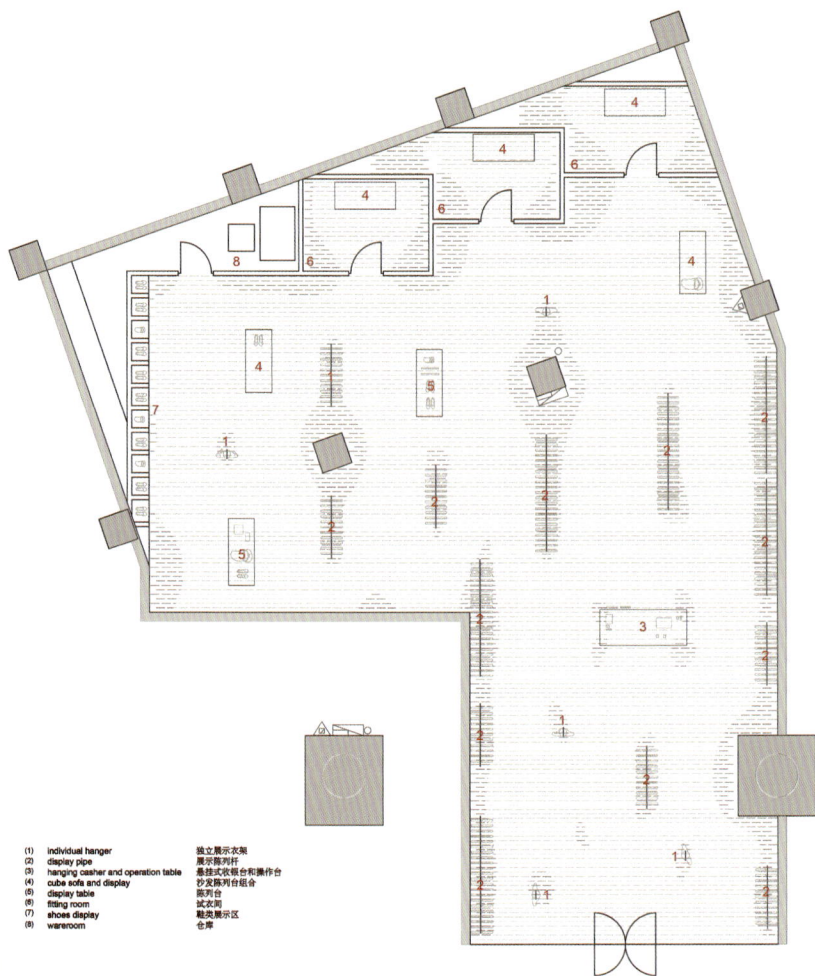

(1)	individual hanger	独立展示衣架
(2)	display pipe	展示陈列杆
(3)	hanging casher and operation table	悬挂式收银台和操作台
(4)	cube sofa and display	沙发陈列台组合
(5)	display table	陈列台
(6)	fitting room	试衣间
(7)	shoes display	鞋类展示区
(8)	wareroom	仓库

图 10-12a　平面图

图 10-12b　构思草图一

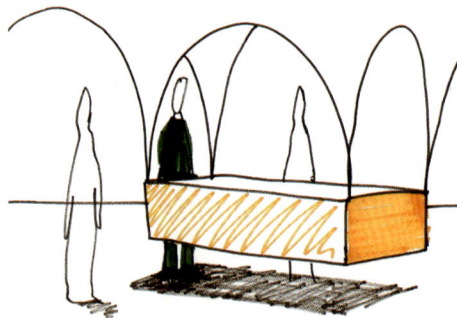

图 10-12c　构思草图二

图 10-12d　柔美而壮观的吊顶设计提供了无与伦比的购物体验，实用的"毛毡箱"用来作为店内提供沙发、收银台、陈列柜等功能性的家具组件

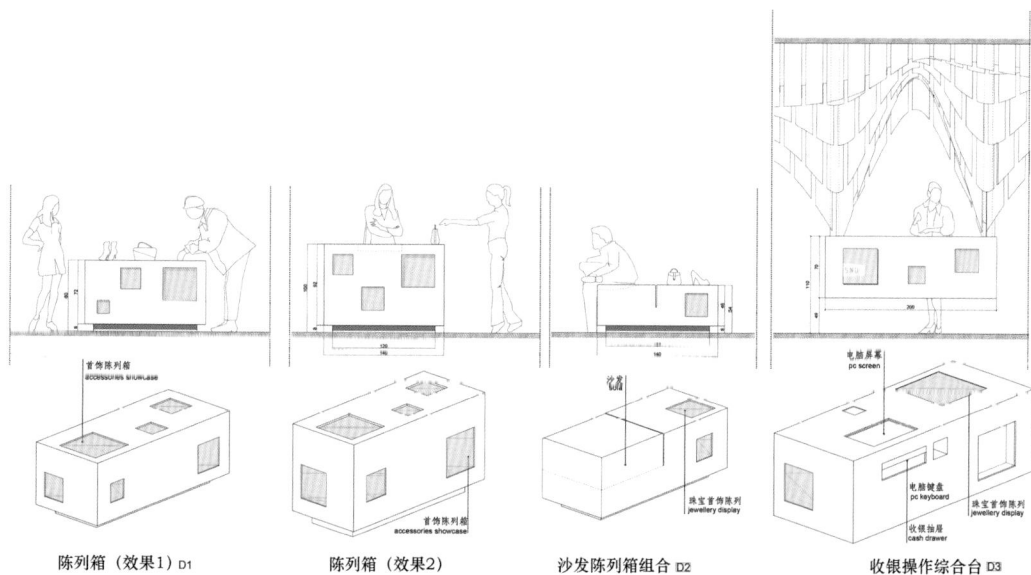

陈列箱（效果1）D1　　　陈列箱（效果2）　　　沙发陈列箱组合 D2　　　收银操作综合台 D3

图 10-12e　家具组件示意图

第四节　展览空间

　　展览一般分为三大类，即博览会、专题性展示和博物馆展示，这里主要介绍专题性展示。专题性展览展示设计也被称为临时性展览展示设计。它的种类繁多，形式多样。

一、专题性展示的设计原则

　　（1）遵守展会的有关规定和要求，展台的设计应该尽量做到与展会整体上的统一和局部间相邻展台的和谐，使展台实现完整性、创造性、时代性、行业形、文化性和环境性的审美要求。

　　（2）展品展示形式应尽可能地按展品的使用、生产、技术等方面分区布置，同时在展示序列上尽量符合展品生产工艺的程序，重点突出，层次分明。

　　（3）展台的空间结构和展品的陈列秩序应体现或暗示交通流线的方向，展览会一般依顺时针方向安排陈列次序和组织观众参观。

　　（4）道具和标识系统要做到科学规范、美观实用、新颖别致。

二、专题性展示设计的目的

　　（1）介绍和评估新产品，扩大市场优势，发展合作伙伴，开拓销售渠道，推动新合同的签订，增加订货，扩大销售规模。

　　（2）树立参展方鲜明的企业形象、文化形象和社会形象，让外界广泛了解参展方的企业和品牌文化。

　　（3）成为信息交流的平台，使各领域的研究和创造成果，以及使发展的新动向、新观念、新技术有效快速地转化为生产力。

三、独立的艺术形象和品牌的广告宣传

　　在实用主义的结构之外，还需要运用更新观念的艺术手法来设计处理展台的外部造型和内部的空间结构，对观众造成强烈的视觉冲击。

　　（1）运用常规环境中难以见到的、不拘一格的造型来组构新颖奇特的展台和展示空间。

　　（2）强烈的色彩对比或怪诞的色彩组合都能营造非同寻常的气氛，营造别致的展区情调。

　　（3）运用各种照明设备，进行独特的灯光照明处理，让观众留下深刻印象。

（4）大胆运用能体现时代特征的传媒手段和非常规建材，能起到意想不到的效果。

（5）鲜明醒目的标识系统。

四、合理的人流疏导

在大型展馆里，每一个区域的不同展商都想尽可能地吸引观众，这就不可避免地会造成人流的拥挤，怎样有效地引导观众是重点，通过设计，达到让观众更容易地参与进来又能做到快速疏散的目的。

行走路线的设计特别要注重方向性，主次人流的交叉设计也是重点，由于现代展馆的空间高度逐渐抬高，垂直方向或斜向方向的交通疏导也成为新的设计重点。

五、合理的功能布局和适宜的展品陈列

参展商从经济角度考虑，租用的展位面积未必很大，但功能应该齐全，从接待到洽谈，从展示到仓库都应具备，有的展示还要考虑演示区和观众参与区，加深观众对品牌的印象。一般说来，3m×3m构成一个基础摊位面积。

在有限的展位面积内合理地进行布局，不仅要做到有效利用空间，还要充分考虑观众的流动和停留区域，功能区的安排更应该经过严密的面积计算。在常规展览中，通常会运用到诸多建筑设计元素来组构，各种建筑风格和造型手法被简化成展示语言，从而形成了当代展示的主流风格。对于有一定高度的展厅还需分割好垂直方向的区域。随着现代艺术文化的进步，观念艺术被广泛运用，展示空间被更多地注入了精神的内涵。

展品的选择也极为重要，展品不在于多，而在于精和新，通过展示道具和环境气氛的衬托，淋漓尽致地向观众展示展品的所有卖点。

六、色彩和照明

1. 色彩设计

（1）整体感强，有主次色，也可以通过类似色、相近色的利用，达到协调的效果。

（2）把握好展示空间中有些固有的色彩，比如展品、建筑和道具的色彩。

（3）无彩色系列的运用往往是时尚和前卫的代名词，黑、白、灰在设计中较多运用，它们容易营造统一感，也容易被当作底色，起烘托、陪衬的作用。

2. 合适的照明

在展区内，一般也分为普通照明、重点照明和装饰照明。照明在展会中不仅具备对展会的亮度控制，更肩负着对展馆的氛围营造的重要职责，由于照明拥有着强烈的特征性，所以选择适合的照明方式尤为重要。

七、展示道具原则

总原则是安全、实用、美观、经济和新颖。展示道具要有利于对展品的保护；有利于人体知觉官能系统（触觉、嗅觉等）的感知、介入，适合视觉需要，主要指在形状、色彩、照明等方面，可增强环境的艺术氛围；在选用材料方面，要有环保意识，最好选用便于回收和可重复利用的可再生性材料。

八、展览空间实例分析

案例"非线形空间"——"夏之爱"艺术展

地点：德国法兰克福

设计面积：800m²

这个艺术展的作品分别来自绘画、雕塑、摄影、电影、环境艺术、建筑和时尚等领域，共

计作品350件，均出自20世纪六七十年代。这些作品风格迥异，却都带有迷幻的色彩。而展览空间是一个长70米、宽10米的环形走廊，特殊的场地形状是对展示设计的一次考验。

设计师根据设计场地和展示作品的特点，没有拘泥于常规，别出心裁地打破常规线形空间的设计手法，通过灵动变幻的曲面对空间进行出人意料的大胆分隔，形成了具有导向性的单向浏览流线，将环形长廊营造、分隔成两个不同的展示区域，雕塑作品既是展品，也是分隔展区的道具，表现出设计师极强的空间驾驭能力。

界面的处理则显得更加富有想象力，设计师在不同的空间区段让创意灵感任意挥洒，时而将界面连成一体，宛如行走在密封的管道当中；时而破空而出，暴露出原建筑的屋顶结构。多变的界面不仅给人造成视觉上的强烈冲击，更为艺术展品提供了极佳的展示舞台。

整个展示空间内部都被刷上了本次展览的主题色——银色，在照明的配合下，成为名副其实的艺术展（图10-13）。

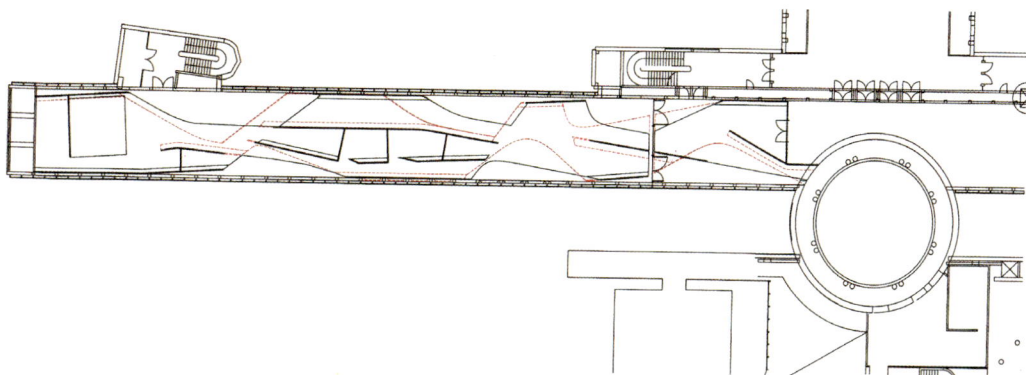

图 10-13a 展区平面图

图 10-13b 展厅中央红色的雕塑彰显展览主题，同时巧妙地成为划分空间的道具

图 10-13c 被抽象分隔出来的两个展览区域，狭长的空间符合视频展示的环境需要

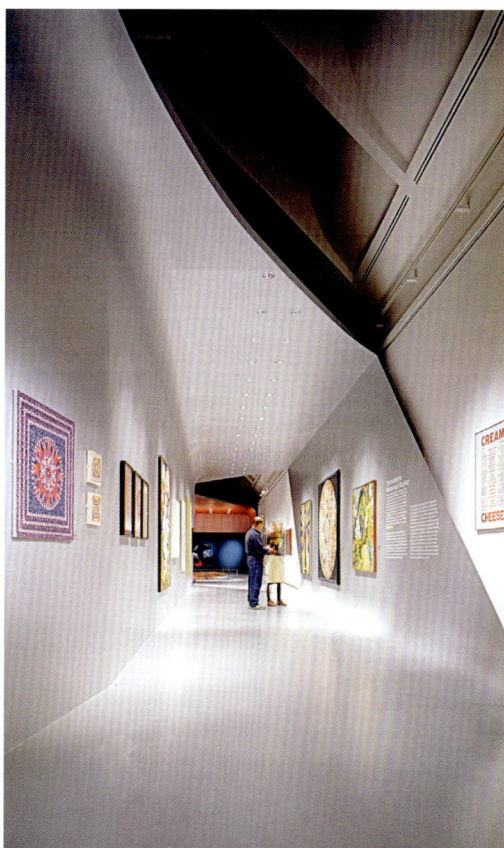

图 10-13d 带有迷幻色彩的作品在界面一体化的空间中相得益彰，让人有进入时光隧道的感觉

第五节　旧工业建筑改造

伴随着城市持续高速发展，我国许多发展较快的城市逐渐进入了一个以更新再开发为主的发展阶段，城市社会经济也正处在产业布局、类型、结构的重构和转型阶段。在这一过程中，城市中心区大量工业建筑已经或将要失去原有的功能，被废弃或闲置。对这些废弃的旧工业建筑采取简单的大拆大建的方式是不可取的，因为在它们当中往往蕴涵着多重的价值。对旧工业建筑进行更新再利用，不仅能够保护城市历史文化，丰富城市景观类型，还能够实现对建筑生命周期的全程利用，促进城市的可持续发展。

一、旧工业建筑更新再利用的设计手法

旧工业建筑更新改造问题的主要矛盾是如何处理新与旧之间的关系，这其中包括旧空间与新功能的匹配关系、新旧形式的协调关系、保护与再利用的平衡关系等。由于自身的建筑形式、空间特点、历史价值、文化特色及所处环境的不同，不同的旧工业建筑在改造过程中面临的新旧矛盾也会有所不同，因而必须因地制宜，灵活采取不同的改造手法。

1. **空间功能的转换与更新**　根据旧工业建筑的空间特点，引入与之相匹配的新功能，从而将建筑直接改作他用。例如将大跨度、大空间的厂房改为超市、餐饮中心等，把多层厂房改成办公空间、居住空间等。这种设计手法主要是在保留原建筑的造型和结构的基础上，进行必要的加固，修缮破损部位，按照新功能的要求重新组织交通流线、划分与组合内部空间，并进行必要的内外装修和设施的更新等。这类改造投资较少，建设周期短，对周边环境影响小。功能转换的手法也同样适用于成片旧工业用地的改造，转换的功能可以是创意产业园、会展场所、博物馆、城市公共空间等，这些功能之间可以有一定的交叉和融合，结合适量餐饮等配套服务设施，使曾经破败衰落的旧厂区再度焕发出活力。

2. **空间的重组与整合**　当旧建筑空间无法完全满足新功能的要求时，可通过将原空间化整为零或变零为整的手法进行空间重组，常用的方式有插入中庭、夹层、加层等。

3. **新旧对比与融合**　此类设计我们可以从以下两个方面来入手。

（1）内部空间塑造　旧工业建筑的内部更新并不意味着毫无取舍的全面现代化。在不影响新功能和结构安全的前提下，那些有一定历史和艺术价值的旧建筑片断完全可以被保留和合理利用；通过新旧元素对比和融合的手法在表达对历史的尊重的同时，创造出前卫的现代空间。

（2）外部形象改造　对属于产业类遗产的旧工业建筑，其外部形象的处理一般应采用比较谨慎的态度，保留大部分原有建筑的外部特征，并对其进行必要的维护整修或更换局部构件。新建部分采取与原始风格相协调的处理，从而最大限度地体现旧建筑的原始风貌。也有的保留局部的旧建筑原貌，或者是某些能体现原始状态的细部，改造部分则采取完全现代的手法，使新旧部分形成鲜明的对比。

4. **外部空间环境的整治与共生**　旧工业建筑的外部环境往往存在单调、杂乱、缺少特色等问题，因而在改造成民用建筑时对外部环境的整治也极为重要。整治的手法包括重新组织交通流线，规划步行空间、小型广场或庭院，引入绿化水体等自然元素，设置环境小品设施等，目的是创造舒适、宜人、历史与现代交融共生的场所。

二、旧工业建筑更新再利用过程中要注意的问题

1. **对原有建筑的历史特征和建筑特色的重视**　如果为了追求时髦和经济利益，采用简单的内外重新装修来实现再利用，往往会造成原有的建筑艺术特征和历史文脉被覆盖掉，原建筑的历史价值受到无法挽回的破坏。

2. **再利用功能的多样化**　虽然旧工业建筑更新再利用所涉及的大多是一些库房和工业厂房，但再利用的功能却可以是多种多样的，要防止改造类型较少、再利用功能趋同的同质化倾向。

3. 生态节能问题　目前我国对旧工业建筑再利用的实践和研究主要集中在空间的利用、形式的把握、材料的运用等建筑设计方面，对低能耗改造的研究尚显不足，尤其是如何协调保护与节能改造之间的矛盾、节能技术和设备与外观修复和局部结构改造有机结合等方面是值得我们深入研究的。

三、旧建筑改造实例分析

案例　安布思沛（iProspect）

安布思沛是全球领先的数字化市场品牌。安布思沛的老办公区坐落在著名的沃斯堡斯多克城堡（Fort Worth Stockyards）。新的办公区也坐落在这里，因而十分强调对于传统的尊重。设计将沃斯堡常见的历史元素与安布思沛现代高科技的产业形式结合起来。新办公区的前身是一个1950年建造的金属预制件工厂。厂房里有很多现存的元素，例如画满插画的水泥柱子，几个石材的隔墙，都被运用到了设计中。

总的工作空间采用的是开放式办公的概念，包含为小型团队设置的合作空间、为大团队设置的会议室、一个人使用的电话亭办公室和头脑风暴屋，在里面有可以在上面书写的墙壁、桌子及投影面。此外还有两个游戏屋让员工可以放松心情。主厨房设置在办公区中心的位置，成为所有员工共享的中心。在厨房旁边是一个巨大的共享空间，里面是可移动的家具，让这个空间可以不断改变。车库门让办公区中心通向阳台。

大厅为整个办公区定下主体基调。光滑的玻璃板上面印着安布思沛的网页地址，成为前台接待处的地面、墙面及天花板。一面铺满铁路木枕的墙把来访者的目光引到一面壁画上，上面画的是1905年的沃斯堡斯多克城堡。

室内家具是混搭风。古典的皮革座椅、木推车做的咖啡桌、现代的灯具及不锈钢焊接的接待台。老仓库的木材原是打算被销毁的，在这里被用来做会议室的推拉门和分开工作区与公共空间的弧形墙壁（图10-14）。

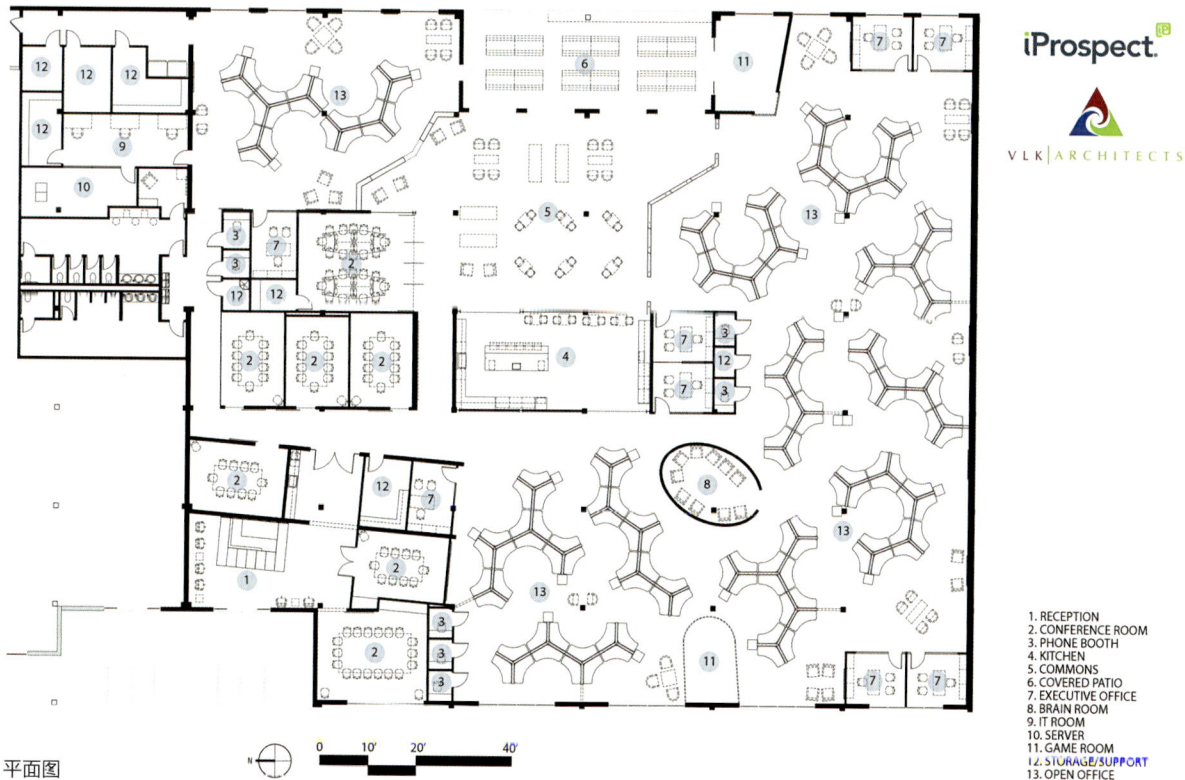

图 10-14a　平面图

iProspect

VLK | ARCHITECTS

1. RECEPTION
2. CONFERENCE ROOM
3. PHONE BOOTH
4. KITCHEN
5. COMMONS
6. COVERED PATIO
7. EXECUTIVE OFFICE
8. BRAIN ROOM
9. IT ROOM
10. SERVER
11. GAME ROOM
12. STORAGE/SUPPORT
13. OPEN OFFICE

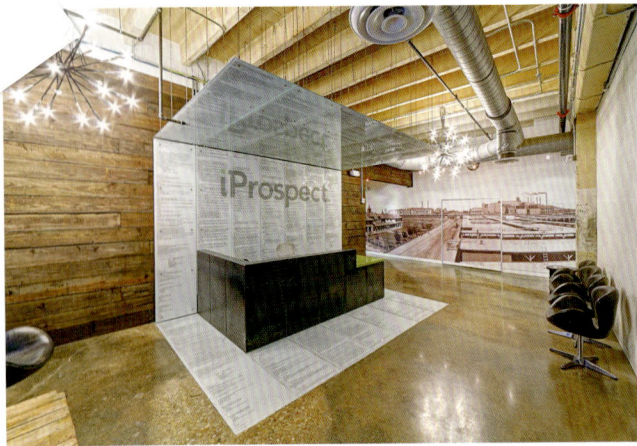
图 10-14b 接待区——老建筑生成新空间

图 10-14c 会议室的设计充满了质感

图 10-14e 交流无处不在

图 10-14d 共享厨房